U0670908

一读就能用的
逻辑学

刘漠 ———— 著

A BOOK OF LOGIC

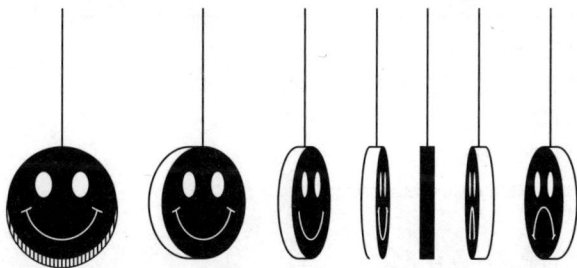

长江出版社
CHANGJIANGPRESS

图书在版编目（ＣＩＰ）数据

一读就能用的逻辑学 / 刘漠著.
— 武汉 ：长江出版社，2022.4
ISBN 978-7-5492-8211-1

Ⅰ．①一… Ⅱ．①刘… Ⅲ．①逻辑学－通俗读物
Ⅳ．① B81-49

中国版本图书馆 CIP 数据核字 (2022) 第 037392 号

一读就能用的逻辑学／刘漠　著

出　　版	长江出版社
	（武汉市解放大道 1863 号　邮政编码：430010）
选题策划	天河世纪
市场发行	长江出版社发行部
网　　址	http://www.cjpress.com.cn
责任编辑	钟一丹
印　　刷	三河市腾飞印务有限公司
版　　次	2022 年 4 月第 1 版
印　　次	2022 年 5 月第 1 次印刷
开　　本	710 mm×1000mm　1/16
印　　张	17
字　　数	220 千字
书　　号	ISBN 978-7-5492-8211-1
定　　价	48.00 元

版权所有，盗版必究（举报电话：027-82926804）
（如发现印装质量问题，请寄本社调换，电话：027-82926804）

逻辑可以使我们的思想工具日趋完备和锋利。我们的思想工具日趋完备和锋利，我们的批评能力就可加强。这样一来，我们也许就不易被一切似是而非的推理所迷误。在我们这个世界上，到处充满着似是而非的推理，而且是时时不断地发生的。

——阿尔弗雷德·塔斯基

前言　真正读懂逻辑的本质，打开思维新世界

逻辑学既是一门科学，也是一门艺术。有人认为逻辑学是抽象的理念及晦涩难懂的哲学体系，故而听到"逻辑学"这三个字就会望而却步。难道，逻辑学真的只是书本上躺着的理论，只是学者、教授们口中深奥晦涩的语言吗？

这本书想向读者传递的是，逻辑学不仅是一门艺术、一门学问，更是实实在在充斥在我们生活中的、有趣的实用法典，它是可以被所有人运用的一门技巧。因为，我们所有人做事情之前都需要形成自己的逻辑思维，需要带着"大脑"去做事、说话，只有这样，我们所做之事才有意义。

生活中实则处处皆有逻辑，我们日常司空见惯看似无关逻辑的东西，细细思索，实则逃不出逻辑的范围。逻辑学作为人们进行思维都能用到的思维工具，俨然渗入我们生活的方方面面，它可以提高我们对问题的思考判断能力。

培根说过："读史使人明智，读诗使人灵秀，数学使人周密，科学使人深刻，伦理学使人庄重，逻辑修辞学使人善辩。"显而易见，逻辑对一个人

的沟通、表达有着至关重要的作用，一个人的逻辑关乎一个人说出的每一句话是否"得体"。实际上，逻辑学来源于现实，而大师们发现了这套理论的现实存在和意义，并进行了总结升华，甚至用这套完整的理论再去指导我们的工作与学习，影响我们的生活。作为一名普通人，我们可能不会像逻辑学大师那样对逻辑理论运用自如，但是我们起码要避免陷入逻辑谬误，以防被生活欺骗。自己的思维逻辑没有谬误，便不会给他人带来不便；识别他人逻辑谬误，就能避免自己受到攻击。因此，逻辑思维是每个人都应该学的一门必需之课。

很多人会认为在逻辑学中，充斥着大量专业术语和频繁使用的象征性符号，他们对这些内容十分反感。而我们这本书是通过案例与理论相结合，用最简单、有趣的语言来给读者进行系统讲解。

当然，要了解逻辑学，是离不开逻辑的基本原理的，因为这些基本的原理是打开我们思维的一把钥匙。文中详细阐述了逻辑学的四大基本原理，在了解逻辑学基本原理之后，我们又对形式逻辑、逻辑论证思维、归纳推理的三段论等常用逻辑思维进行阐述。除此之外，收敛思维、求易思维等能促使我们的思维达到更高的层次。在生活中，我们也难免会遇到一些逻辑谬误或者是犯逻辑谬误。因此，我们对否定前件谬误、肯定后件谬误等内容做了剖析，避免掉入生活的陷阱。

人是需要成长的，而成长的过程其实就是自我对逻辑思维认知与感知的过程。逻辑学作为一门科学、系统、严谨、精彩的学问，它足以让我们具备分辨是非对错的辨识力、着眼大局的技巧、揭露事物本质的潜能。

既然逻辑思维如此有用，我们要如何练就缜密的思维逻辑呢？其实，现实生活中的逻辑技巧有很多，我们可以利用联想法，让思维更加活跃；利用内省法，实现查漏补缺；利用排除法，删掉错误项等。只要我们在日常生活中，多使用、多总结，便会拥有缜密的逻辑思维，突破逻辑思维的瓶颈。

在了解逻辑思维之后，我们会发现，逻辑学不仅会影响我们的思辨能力，还会对我们的情商、智商、逆商产生影响。因此，可以说，一个伟大的人拥有缜密的逻辑思维能力，而一个不懂逻辑思维的人要想变得伟大则十分困难。我们追求的或许不是"生而伟大"，但必然是"活得有意义"。

作 者

2021年8月

目录

第三章

逻辑的进阶：帮你感知思维的生长与变化

第四章

逻辑的谬误：别让生活欺骗了你

第五章

逻辑技巧：练就全方位缜密思维

第六章

逻辑突破：突破逻辑博弈的瓶颈

第七章

逻辑学实操课：生活的迷幻阵困不住你

第一章

逻辑学基本原理：
打开思维迷宫的大门

同一律：月亮就是月亮，绝对不是太阳或地球

我们在学习同一律之前，不妨先看这样一个有趣的故事：

相传在战国时期，有一天公孙龙①骑着一匹英俊的白马趾高气扬地想要过函谷关。守卫说："人自是可以过关，但是马可不行。"公孙龙说："可是我并没有骑马啊，我骑着的是一匹白马。"守卫被公孙龙的话弄得一头雾水，茫然地问道："难不成白马不是马？"公孙龙自信地回答说："白马是白马，马是马，两者怎能相同？照你的说法，如果白马就是马，那这世间怎还会有白马和马这两种不同的说法呢？"要知道马和白马的内涵与外延②可都是不一样呢！大家不妨想一想，公孙龙有没有偷换概念呢？公孙龙自然是没说"内涵"和"外延"这样的词语。毕竟那个时代，还没有成熟的逻辑学。但仔细斟酌，大家不禁会想，白马和马，内涵和外延的确是不一样的呀！公孙龙讲得很有道理，但总觉得哪里不对。

---

① 赵国邯郸（今河北邯郸）人。"名家"离坚白派的代表人物。"诡辩学"的祖师。为名家代表人物之一。

② 每一个概念都包括内涵和外延。内涵指的是概念中所反映的事物的特有属性，外延指的是具有概念所反映的特有属性的所有事物。比如"人"这个概念，内涵是"有两只脚、两只手、会思考的高级哺乳动物"；外延是你、我、他，即"人"的这个种类。内涵增加外延减小。比如"亚洲人""中国人""湖南人"等。

毋庸置疑，公孙龙的的确确偷换了概念。他所偷换的，不偏不倚地正是"是"这样一个概念。守卫嘴中"白马是马"中的"是"所想表达出的内涵是"属于"，白马是属于马这一种类的范畴。而公孙龙"白马不是马"中的"是"所展示出的内涵是"等于"，或者说是"等同于"，白马自然是不能等同于马，两者之间不能直接画上等号。然而，不能否认的是白马真真切切地属于马这个种类。

这是不是很有趣？一个具有强大逻辑思维的人，可以使得沟通变得更加有效。生活中能够善意地"反用逻辑"，自是可以促成一番"幽默"；而以混淆是非为目的地反用逻辑，则成了"诡辩"。

我们再举个例子，不妨来说一说运用逻辑学如何产生幽默的效果。

你邀请朋友吃饭，朋友问吃什么，你指着不远处的路边摊说要请他吃麻辣烫。

朋友疑惑地问你："你那么有钱！居然还请我在路边吃麻辣烫。"

你说："我不在路边请你吃，难不成去厕所请你吃吗？即便我同意，想必你也不会同意吧。"

这样的回答不仅巧妙地化解了原本有些小尴尬的情景，还把话题变得轻松幽默。之所以这样的回答让我们明显地感知到这些"幽默"的元素，恰恰正是因为它与一般性的逻辑相违背，从专业角度来说就是它违反了"同一律"。不过这次所偷换的是论题而非概念。朋友想表达出的论题其实是："麻辣烫好像不应该是钱人会去吃的食物"。而你却巧妙地将论题"偷换"成了"吃麻辣烫应不应该在厕所"。当正处于"思维不确定性"中的大脑中枢，接连不断地去违反逻辑思维的"同一律"，就会造成概念或者是论题等方面的混淆与偷换，而它他本身却并不自知。

那么，到底怎么做才是遵从了逻辑思维的同一律？要想弄明白这个道理，就需要我们明白什么是同一律。

我们口中的同一律是逻辑学中四大基本定律之一。它要求人们能够自觉地去保持同一思维过程中概念、判断、论题的确定性。换言之，就是在同一思维的过程中，必须在同一的意义上去使用概念与判断，而不能够在不同的意义上去使用概念和判断。俗语说，"一是一，二是二""丁是丁，卯是卯"，这些俗语便是符合同一律的要求，它们是相契合的。也就是我们常说的"张三是张三，李四是李四，张三成不了李四，李四变不成张三"，张冠李戴这档子事儿是不能被接受的；再比如，李树自是李树，桃树便是桃树，"李代桃僵"是不被允许的。这也就构成了人进行思维活动时需要遵循同一律所提出的最基本的要求。

同一律主要表现在以下三方面：

1.同一的思维对象。我们进行同一思维过程时，思维对象需要时刻保持同一；当我们在讨论观点、回答问题，或者是对他人所提出的意见以及观点等进行有力反驳的时候，也同样要求各个方面的思维对象能够持续保持同一。

2.同一的概念。当我们大脑开始运行同一思维的整个过程中，要求我们应当把所运用到的概念去保持同一；不仅如此，当我们进行讨论、回答问题或者对其他所提及的意见、观点等回应、反驳的时候，其方方面面所运用到的概念也是要求保持同一性。

3.同一的判断。这就要求同一个主体，这个主体可能是一个人或者是一个集体，在同一与其相应的客观事物能够处于相对稳定状态的时间，站在同一方面作用于同一事物所要做出的判断必须保持同一。思维的确定性是同一律的基本要求，但是这并不是说明它否认思维的发展变化。相反，它完全是基于思维过程而说的，并不是单纯地去要求客观事物去保持同一进而绝对不变。

每个人都应该去尊重并遵守同一律，因为它是进行思维的一个必要条件。无论是谁，如果思考问题或者表达自己思想时违背了同一律的相关要求，毫无悬念，他的思想就会变得不明确，容易含混不清。如果我们的思想是不明确或者含混不清的状态，其他人自然会感受到模棱两可、不可捉摸或根本无法理解。如果是这样的思想还妄想让别人接受和信服，那就会有一定的难度了。更有甚者，闹出笑话，贻笑大方。

相传春秋战国时，郑县有一个姓卜的人，他有一条心爱的裤子，可惜这条裤子破了一个大洞，于是他便吩咐妻子给他另外缝制一条新裤子。他的妻子自然会问他新裤子想要什么样的，他随口回答说照原样做一条即可。没过几天，妻子便将新裤子递到他的手中，可是令他出乎意料的是，妻子做的新裤子跟之前的破裤子一样，在同样的位置也有一个洞，显然是妻子做完裤子后，用剪刀故意剪破的。

为什么会闹出这样的笑话呢？原因就是姓卜的男人在表达思想时，表达得不够明确。"照原样做"，我们不仅可以理解成大小、尺寸按原样做，也可以理解为剪裁照原来的模样去做。男人的原意是照原来裤子的大小、尺寸去做，而他的妻子却理解为照原来裤子的剪裁模样去做，原来的裤子上有破洞，新裤子上当然也该有个破洞。

在我们的日常生活中，还有很多事其实都是与逻辑紧密联系的，充分地掌握逻辑知识能够使得我们的行事思路更加明了清晰。同一律的掌握以及灵活运用，能够让我们的行动正确地跟从自己的思想主题，使得我们在生活、工作中找到解决问题的正确方法。同一律这一概念所涵盖的知识面广之又广，它是逻辑学最精深的规律之一，故而，对于这一规律的运用定要熟练掌握。

矛盾律：两个互相否定的思想，不可能都对

矛盾律是什么？我们可能会问。矛盾律也有人把它称作"不矛盾律"。专业一些的解释，就是两个互相否定的思想，不可能都是对的，其中肯定有一个是假的。翻译成通俗的话，就是：别自己打脸。

如果这样讲，我们还不能清晰地理解矛盾律，可以通过一个小例子来了解。

曾经有一个风靡小街小巷的电视广告语——

今年过节不收礼呀！不收礼呀不收礼！不收礼呀不收礼！收礼只收某某某！

为了达到好的传播效果，广告中的"今年过节不收礼"和"收礼只收某某"，就有明显的逻辑漏洞。正确的应该是今年过节不收一般礼，收礼只收……当然，这是广告商的一种传播策略，也是为了营造良好的广告效果。他们考虑的是受众的情感认知度，而不是逻辑的正确性。

在生活中，逻辑不严谨的现象很多，当然，逻辑不严谨并不一定需要承受严重后果。不妨回想一下，我们是不是也经常会说一些自相矛盾的话呢？有的时候，我们明明知道违背了逻辑，还是这么用，因为我们希望通过制造"矛盾"的效果，来抓住别人的眼球。即便如此，如果我们从逻辑思维的角度出发，我们至少要"拥有"能够识别逻辑谬误的能力。那么，具体怎么识

别呢？

要识别矛盾律就要先了解矛盾律的核心观点是什么，即两个相互否定的思想不可能都对，一定有一个是假的。比如我们说一个人没有成功，这并不表明他失败，只是未成功。未成功是一种状态，这种状态可能是失败，也可能演变为成功，当然也可能演变成失败。再比如，说一个人不开心，这不代表他伤心，仅仅是"不开心"，不开心是一种状态，这种状态可以过渡为开心，也可以过渡为伤心，但是从目前来看"不开心"只是代表不开心，不能代表伤心，更无法代表将来会"开心"。在生活中，这种状态有很多，我们要善于去识别这种状态，具体如何识别，可以从以下几方面着手：

1. 我们要善于识别自相矛盾的概念。

在生活中，有一些自相矛盾的概念，不管是从内涵来讲，还是从外延来看，都十分清晰，所以一般情况下是不会产生歧义的，我们一眼就能看出来这是自相矛盾的概念。

比如：一个不擅画画的画家，在一个风雨交加的晴天，走到一片很大的小水潭边，开始了他长达一天的短暂创作。

在这句话中，很显然"不擅画画与画家""风雨交加与晴天""很大与小水潭""长达一天与短暂"，这些都是自相矛盾的，而这种自相矛盾的方法是我们很容易察觉出来的。还有一些则因为概念的不确定性，可能就没那么容易被我们看出来了。

比如，我们会听到有人说："我会用否定的心态来肯定你""他是一个悲观的乐观主义者""他是一个不懂浪漫的浪漫主义者"。我们在听到这些话的时候，会感到这些话自相矛盾吗？很多时候，我们听到这样的话会觉得这些话非但不自相矛盾，反而"有一些道理"。形成这种错觉的原因就是我们缺乏对矛盾律的准确、全面认知。当然要识别出这些话的问题，就需要我们了解这些话语背后的逻辑。如果我们仔细分析会发现，这些话语都充斥着自相矛盾的语言，比如"悲观"与"乐观"，"不懂浪漫"与"浪漫主义者"，如果我们能够识别出前后自相矛盾的语言，便能够意识到这些话语存在的问题。

2. 我们要善于对自相矛盾进行判断。

在一部影视片中，主人公说了这样的一句话："这个洞穴从来没有人进去过，进去的人也从来没有出来过。"

我们听到类似这样的话语会有怎样的感受？很多时候我们无法判断这种表达是不是自相矛盾，因为这些话语相对复杂，乍一听总是让人感觉很合理，但是仔细分析会发觉，根本没有合理之处。毕竟"洞穴从来没有人进去过"表明没人进去过这个洞穴，而又说"进去的人也从来没有出来过"，表明有人进去，只是没有出来，显然这句话是自相矛盾的。

3. 识别悖论。

在日常逻辑中，有一个相对特殊的自相矛盾，叫悖论。我们不妨也用例子来进行分析和了解。比如"我说的这句话是假的"，这句话是一个比较经典的悖论。"我说的这句话是假的"，如果这句话是假的，那就是真的，如果我说的是真的，那就是假的。你听了这样的分析，是不是会感觉一头雾水？

悖论，说到底就是绕来绕去，我们可以从命题本身的"对"，推理出"错"，可以从命题本身的"错"，推理出"对"。因此，悖论是相当有趣的，很多人热衷于此。比如著名的罗素悖论，理发师说了一句话："我只给这里所有不给自己理发的人理发。"那么请推理，理发师的头是谁帮他理的？

这样的推理是否会很"烧脑"？矛盾律在生活中被广泛地使用，是我们先行排除错误答案的理论依据。

随着社会日新月异的发展，我们能够充分了解和认知逻辑学背后的规律是十分重要的。因此，我们在面临实际问题的同时，如果可以去借助矛盾律的逻辑，然后进一步地进行分析，以便能够用最快的速度来进行困难的突破，从而能够寻觅到最为正确的答案。

相反，如果我们违背了矛盾律，那么我们的思想和行为很可能会出现自相矛盾的现象。因此，要成为一个善于进行逻辑分析的人，就要善于利用最基本的逻辑学规律，将这些规律运用到我们的日常生活中，从两个事物中分辨出真与假，从而排除假的存在，达到自己的目的。

排中律：生存，还是毁灭，没有中间状态

亚里士多德曾经明确表述了排中律的定义："在对立的陈述之间不允许有任何居间者，而对于同一事物必须要么肯定，要么否定其某一方面。这对于定义什么是真和假的人来说是十分清楚的。"这是亚里士多德的哲学论述，对于排中律这个概念，在中国历史上，早有相关的文献记载，只不过当时人们不将其称作是排中律。《墨经》中写道："彼，不（两）可两不可也。"（《经上》）翻译过来，"彼"是一对矛盾论题，二者不可能都正确，也不可能都不正确。那么，我们不妨通过下面的小例子进一步了解一下排中律吧！

小丽说："如果我做得不正确，那你的结果就是正确的。"小明说："我看你做得不正确，我做得也不正确。"听了两人的话，站在旁边的小亮不慌不忙地看了看他们两人的答案，然后说道："小明的答案是错了。"这时数学老师刚好走进教室，听到了他们三个人的谈话，并查看了他们的计算结果后说："在刚才你们三个人所说的话中，只有一个人说的话是正确的。"

请问他们谁说的话是正确的呢？不懂排中律的人看到这个案例后，可能会一头雾水。但是我们可以来分析一下，不难发现，小丽说如果自己做得不对，那小明的结果是对的，小明却说小丽做得不对的话，自己做得也不正确。显然，小丽和小明说的话是相互矛盾的，因此，根据排中律可以推断出，小丽和小明必然有一个人说的话是正确

的。而老师说三个人只有一个人说的话是正确的，可想而知，小亮的话是不正确的，小亮说小明的答案错了，也就是说小明的答案是正确的。既然小明的答案是正确的，正是符合小丽的推断。因此小丽的话是正确的。

这个例子是不是很有意思呢？排中律是四个定律中最有趣的一个。那么，我们了解排中律究竟有什么意义呢？

首先，排中律的价值很大，它最大的价值就是帮助我们识别和揭穿那些"骑墙者"，所谓骑墙者，就是在一个观点面前左右摇摆的人。通过排中律，可以提高我们的思辨能力。毕竟排中律是指在同一个思维过程中，两个互相矛盾的思想必定有一个是真的，不能都是假的。

其次，排中律能帮助我们提升沟通效率，而这就要说到暗藏其中的一个著名的思维推理方法，即反证法。我们可以这样理解，根据排中律，既然两个自相矛盾的观点，肯定有一个是对的，一个是错误的，那么没有都不对的中间状态。

这里有个有趣的例子：清朝著名的大臣刘墉，在晚年时，皇上要通过抓阄来决定刘墉的生死。皇上先是命人准备了两张纸，在两张纸上都写了"死"字，聪明的刘墉随便拿起一个阄，塞到嘴巴里，吞咽了下去。在这种情况下，皇帝与朝臣没办法验证刘墉吞下的那个阄上写的是什么字，只能通过剩下的这个阄来推理，打开剩下的这个阄，上面写着"死"，而人们则推断刘墉抓的阄上面写的是"生"字，就这样，刘墉救了自己一命。而这就是著名的反证法的运用，也就是我们所要论述的"生存，还是毁灭，没有中间状态"。

在生活中，我们可以运用排中律来帮我们做选择。然而在运用排中律的时候，我们要注意以下几个问题：

1. 通常我们说的排中律是在同一思维下进行思考的过程，而不在"同一思维过程"的条件下，我们对两个相互否定的思想进行再次否定，这种现象呈现出对否定命题的再次否定，其实这并没有违背排中律。

2. 因为我们人类的认知还不全面，对一些事物的分辨或回答还不确定，这种情况并不违背排中律。比如，对于世界上是否有外星人，现在既不能给出肯定的答案，也不能完全否定，而这与排中律并不相悖，只是人们的认知程度还不足够"高级"而已。

3. 排中律归根结底是由假推真，这是排中律的一大特点。通常我们可以通过一个假的命题，来推断出真命题，这就是排中律的独特之处。

在生活中，我们无时无刻不在运用逻辑思维，只是很多时候我们不自知罢了。排中律之所以有趣是因为它内在的命题假设具有相悖性，但结论又是真命题。因此，在生活中，我们运用排中律来做选择、找答案的时候，一定要明白排中律的真正含义。

充足理由律：任何事物存在都是有理由的

我们先不说充足理由律是什么，我们先看一则关于违背充足理由律的对话，十分有趣。

> 父亲："儿子，只要你不乱花钱，爸爸让妈妈再奖励你十块钱，怎么样？"
> 儿子："我都不能乱花钱了，我还要奖励干吗？"

父亲与儿子的这个对话是不是很有趣，父亲要用钱来奖励孩子不乱花钱的行为，而儿子认为自己都不能花钱了，要钱还有什么用，所以也没有必要再去在乎父亲的要求了。这是一个违背充足理由律的案例，为什么说它违背了充足理由律，这就要求我们先要了解清楚什么是充足理由律了。

充足理由律指的是任何判断必须有充足的理由，任何事物都有存在的充足理由。在思维的论证过程中，要能够确定一个判断或论点是真实的，不存在虚假的，就要用到充足理由，如果缺乏充足的理由，那么就没有可靠的论证性可言。也就是说，我们在生活中，要做思维的论证，就要摆清楚事实，要讲道理，这就是所谓的："持之有故，言之成理。"无理之言就是违背了充足理由律。那么，遵守充足理由律要满足哪些要求呢？

充足理由律的要求有三个：

1. 要有充足的理由。

做任何事情都要追根溯源，尤其是在进行逻辑思维的过程中，我们要看到事物存在的根源与理由，只有这样我们才能推论出正确的结果。如果不讲任何理由，就得出结论，这就犯了违背充足理由律的错误。比如，网上有人骂某个作家抄袭别人的作品，却没有任何技术上的支持和依据，不提供任何具体的抄袭证据，只是一味地对该作家进行谩骂和人身攻击，这显然就是毫无理由的逻辑错误。

通常来讲，在违背充足理由的人群中，最典型的是逻辑思维不完善的孩子，或者是"蛮不讲理"之人。当然，孩子通常意识不到自己违背了充足理由律，"蛮不讲理"的人也不承认自己蛮不讲理。

2. 理由必须真实。

我们进行逻辑思维，所依据的理由必须具备真实性，如果我们所依据的理由没有了真实性，很可能会导致我们做出的推论没有真实性可言。因此，我们在进行逻辑思维之前，要能辨别是否理由真实可靠。

在现实生活中，不乏一些主观臆断的人，比如有人说：篮球队员都那么高，看来经常打篮球可以让所有人长高。这个人由篮球队员的身高，得出打篮球可以让所有人长高个子的结论，事实上，篮球队的队员个子都很高，只能证明"个子高有利于打篮球"，并不能直接证明"打篮球有助于长高"，因此，这个人犯了"理由不充分"的错误。

3. 理由能够必然地推导出论题。

我们要能够通过理由推导出命题，如果我们的理由无法推导出论题，这就意味着我们犯了"推导不出"的错误。所谓"推导不出"，指的就是给的理由是正确的，它同推断却并没有必然的联系。正因为没有必然的联系性，所以从理由推不出结论，也即论证的过程有问题。

比如，蝴蝶属于昆虫，因为蝴蝶拥有翅膀，所以拥有翅膀的都是昆虫。这里的"蝴蝶拥有翅膀"是真的，而"拥有翅膀的都是昆虫"则是假的推论。这就犯了"推导不出"的错误。

再比如，黄铜并不是金子，黄铜是黄色的，所以凡是黄色的都不是金子。这里，"黄铜不是金子""黄铜是黄色的"都是正确的理由，但是却不能推论出"黄色的都不是金子"这个论点，这就是论证的过程有问题。

在生活中，我们熟悉的很多名言都违背了充足理由律，比如白居易的名句："商人重利轻离别"，如果抛开文学层面因素，仅从字面意思商人看中利益不看重情谊，常常轻易别离。后人都以此来形容商人的唯利是图，其实从"商人重利"不能推论出"轻别离"，更不能推论出"商人都唯利是图"。类似这样的论断还有很多，在生活中的例子也不少。

有人在吵架的时候说："虽然他先骂人，但是您作为老师，还如此地较真，和他发生争吵实属不该。"但以逻辑而言吵架本身与职业无关，不能说一个人从事老师的职业就坚决不能与人发生不快，在生活中，除了老师的身份，他还可能充当其他的身份，而身份的转变可能会导致这个人与他人发生口角。因此，这个人的言论就是违背了充足理由律。

第二章

常用逻辑思维：
大脑再也不是一团糨糊

形式逻辑：它可以让人明辨是非对错

我们自己是一个善于明辨是非对错的人吗？这个问题似乎很容易回答，我们每个人总会认为自己能够明辨是非对错，但是我们是怎样做到的呢？

一个人讲究逻辑思维，那么，所做的一切判断和决定便有了一定的依据。如果我们不讲任何逻辑的话，那么我们在判断的时候，就只能依靠自己的直觉、印象、情绪和情感，然后下定结论，这样的结局往往是尴尬的。

在生活中，很多动物都是依靠直觉来进行觅食的，这是动物的本能。因此，我们不能将动物这种直觉的本能当作一种理智思维。当然，人类不仅是动物，人类也有凭借直觉做出判断的时候，但是更多时候是需要通过理智思维来进行判断的。

在这个世界上，我们不管知识是高深的还是粗浅的，揭开现象看本质，都是一种判断。而逻辑就是帮助我们进行判断的工具，逻辑思维能够帮助我们进行更有效的判断，做出更有利的决定。

就逻辑工具而言，我们目前已经发展出了五大逻辑体系，它们分别是：形式逻辑、数理逻辑、实证逻辑、辩证逻辑和系统逻辑。这里我们先给大家介绍的是形式逻辑，让我们先从概念上了解什么是形式逻辑。

形式逻辑也被称作普通的逻辑，通常指的是我们在认识事物或进行思想表达的时候，经常会运用的一种必要的逻辑工具。人的认识在理性阶段，必然要实现对客观世界的反应，在这个过程中，需要实现思维内容与形式上的统一。

一个人说："赵兵不是一个男好人就是一个女人。"这就属于一个典型的形式逻辑，从概念上来讲，一个人不是男人，就定义为女人。

在日常生活中，对形式逻辑的合理运用，能够让我们在生活中分清是非对错，做到"有理有据"。那么，形式逻辑是如何帮助我们明辨是非的？

形式逻辑的作用在于我们通过外在的特征将世间万物分门别类地做出区分，我们通过对事物进行归类，就可以在形式上对事物的关系做出合理的判断。这种判断往往是通过区分清楚一个事实概念的内涵和外延，从而对各种形式的事实来进行一个比较严密的判断。有研究的人会发现，西方传统哲学大厦的根基便是形式逻辑。即便如此，形式逻辑也有漏洞存在，那就是形式逻辑只确保在形式和概念的基础上做出的判断是正确的，却不管在大前提的设定下是否合理。比如某个哲学家，通过形式逻辑建立了一堆概念，用概念形成了他自己的哲学体系。这个体系看起来无比庞大，但如果有一天突然发现他的哲学体系的最根部的基础概念是错误的，那么整个哲学体系就会土崩瓦解，变得毫无价值。

当然，形式逻辑不仅能帮助我们分清是非对错，还可以让我们迅速辨别事物的真实面目。毕竟，在社会中，虚假的、伪装性的事物太多，需要我们用逻辑思维去辨别事物的真相是什么，因此，巧妙地运用形式逻辑，能让我们抓住事物的本质，避免被外界的假象所迷惑，这也是我们运用形式思维的意义。

在生活中，形式逻辑可以帮助我们分辨是非对错，这有助于我们做出正确的判断和抉择，对我们的生活和工作都是有益处的。

逻辑论证思维：概念和推理的运用

我们在生活中是不是会遇到"有理说不清"的时候，或者是遇到一些"蛮横"之人？当我们说出的一些观点无法让别人认可的时候，或者是别人说一些观点让我们根本不认可的时候，就容易产生分歧和争论。在这个时候，我们为了让他人认可我们的观点，会找出各种各样的证据，来印证自己话语、观点的"真实性"及"可靠性"，证明对方话语、观点的"错误"。我们必须对此进行论证，用十分缜密的逻辑思维去击倒对方的观点，从而说服对方。同理，对方也会用自己的"证据"去说服我们，希望我们能遵从他们的观点。

无论是我们说服别人，还是别人说服我们，问题是，怎样去进行论证，才能够让彼此说出的话略胜一筹，更具说服力呢？这就是我们要运用的逻辑论证思维，这种思维是通过概念和推理的运用而实现的。

掌握逻辑论证思维能够让我们识别出别人的言语存在什么样的逻辑漏洞，也可以避免自己说出的话存在不当之处。

论证思维说到底就是解决"是什么—为什么—怎么办"的问题，比如，在生活中，我们面对一个论题，要先考虑清楚这个论题的实质是什么，为什么会有这样的观点，面对这样的观点，我们要如何去做？在这个阶段，就要求我们知道概念，然后了解事情的本质。

第二个阶段也就是"为什么"的阶段，我们要分析清楚事物的原因，然后再进行判断。到了"怎么办"的阶段，就需要我们进行认真推理，找到解决问题的办法。

论证思维的基础是什么？就是利用各种方式和途径做出判断，通过我们掌握的论据来进行思维推理。最典型的一个例子就是我们初中的时候，老师要求我们写的议论文，我们要先写明自己的论题，然后找到足够多的论据，依靠论据进行推理，再得出论点。

我们再来看如下案例：

小春和朋友在聊天，小春说道："有出息的人，通常不玩游戏。"

朋友问他为什么会这样说，他的理由是："因为只有不玩游戏的人才有出息。"

朋友对小春的回答十分不满，认为他说得不对。

通过小春的答案，不难看出他的这个理由不足以论证他的观点，我们可以认为小春所说的理由是"论据不充足"，也可以说是理由不充分。小春完全可以说："不玩游戏的人，可以有更多的时间去思考或去做其他事情。另一方面，不玩游戏的人可以有更多的时间去学习，去提升自己，容易变得更有出息。"这样的论据相对来讲是能够推理出论点的，虽然这样的论据依然有漏洞，但是相对更容易让人们信服。

在生活中，我们用到论证思维的时候很多，在运用论证思维的时候，一定要注意多个方面的问题：

1. 概念不能模糊不清。

这里的概念是指我们所理解的事物的本质或者是本来面目，也是我们做出判断最根本的依据，因此，我们对待概念的认知一定要是透彻的，不能模糊不清，否则就会导致我们无法正确地做出判断或推理。

对概念的掌握，本身就是挖掘事物本质的过程，我们不能单纯地依靠自己的经验，也不能单纯地凭借直觉，而是要通过理性思维来建立全面并且正确的概念意识。有了概念的意识，我们才能正确运用概念进行推理。

2. 对事物的分析不止一个角度。

无论是在生活中，还是在工作中，我们对事物的分析不可能只有一条途径，我们遇到的问题也不可能只有一种解决方法。当我们面临某个论点需要进行推理的时候，我们可以先学会分析，从不同角度去分析，这样便能够得到不同的论据来支撑观点，这也是最有说服力的解决问题方式。

我们在小学的时候，做一道数学题，老师总是希望我们能用多种方式来解决，这就意味着同样的题一定有多种解决的途径。

3. 一个论证可能引发一系列推理。

我们在进行思考和推理的时候，是需要掌握方法的，比如归纳推理、演绎推理，等等。在寻找解决问题的方法时，我们需要依靠论据进行推理，因此熟悉各种推理方法也就显得至关重要。我们要选择合适的方法。当然，一个论证的过程可能会引发一系列的推理。比如，我们在论证"葡萄干要比鲜葡萄更酸甜"的时候，我们要推理出葡萄干的水分含量比鲜葡萄少，葡萄干的糖分比鲜葡萄含量高，等等。通过一系列的推理之后，我们才能得出相应的结论。

论证思维是一种常见的思维方式，说服别人接受我们的观点时，就需要运用这种思维方式。简单地说，论证思维其实就是"以上统下""以下解上"的一种思维体系。我们不仅需要"概念"的"统领"，而且需要"判断"和"推断"对"概念"做出解答。

论证思维是一种十分严谨的思维方式，它的着眼点在最真实的概念上，而立足点在我们对事物的判断上。在生活中，我们需要进行严谨探讨，只有这样才能得到问题的答案，我们也需要运用这种思维，帮助我们解决问题，帮助我们找到最佳的解决问题的方法。

演绎思维：逻辑高手的思维模式

古代有一个有趣的故事：

大哲学家庄子正在与惠子外出游玩，庄子看到水中的鲦鱼说道："鲦鱼在水中如此悠闲自在，这就是鱼的快乐啊！"惠子反驳说道："你不是鱼，你怎么知道鱼快乐呢？"

庄子听了惠子的话，反驳道："你不是我，你怎么知道我不知道鱼儿是快乐的？"聪明的庄子就使用了演绎思维，这也就是"子非鱼，安知鱼之乐"的故事。

那么，什么是演绎思维？我们听到这个思维的时候，是否会想起演戏或演练？其实，演绎思维就是指我们从抽象到具体的思维过程，我们通过对一般性原理的认知，借助某些逻辑规则，进而推导总结出其中的特殊性或个别性的知识。

如果单纯地看演绎思维的定义，可能会觉得十分枯燥，难以理解。那么，我们不妨用一个非常简单的例子来说明：一个人手里拿着一个三角形，通过演绎思维进行推理，我们会推理出这个人手中拿着的三角形可能是锐角三角形，或者钝角三角形，又或者是直角三角形。而这个人说自己拿的不是锐角三角形，也不是钝角三角形，那么我们可以推理出是直角三角形。这个推理的过程就是演绎思维的运用过程，即把个性从共性里剥离出来。

在我们日常生活中，演绎思维扮演着举足轻重的角色，我们需要用演绎思维来对已知的种种事物进行分析，按照已知事物之间存在着的必然联系，推导出新的事态进展或产生何种结果。在运用演绎思维时，需要使我们得到的结果与之前发生的事情存在必然的逻辑联系。

在日常生活中，为了能够正确地运用这种思维方法，我们有必要认识和掌握推理思维的特点。

1. 演绎思维具有方向性。

演绎思维具有十分明显的方向性，也就是从普遍到特殊，或者说是从共性到个性方向的一种演变。在大多数事物的推理过程中，了解事物的方向性是必然的需求。

2. 演绎思维具有因果性。

因果关系相信大家都不陌生，它是事物之间存在最为常见的一种联系。而演绎思维的过程中，我们依旧可以看到有因果关系的存在，甚至我们所熟知的事物之间存在的因果关系就会成为演绎推理中的关键因素。

在古代有一个名叫王戎的小男孩，他经常与其他孩子一起出去玩耍。有一天，他看到路边有一棵李子树，树上结满了李子，以致树枝就要被压断了。其他孩子看到李子之后，兴奋地奔跑到树下，摘李子。只有王戎不急不忙地走到树下，别人问王戎为什么不去摘李子，王戎说道："李子树长在路边，果子肯定又酸又涩，不然不会没人摘。"其他孩子拿着手里的果子尝了一口，李子的确又酸又涩。

通过这个例子可以证明，王戎的判断是正确的，而王戎之所以能够得出正确的推论，就是运用了演绎思维，也就是由一般到特殊的思维方法。而通过王戎的推理，不难看出演绎思维的因果性。

3. 演绎思维具有有效性。

演绎思维所推理出来的结论，往往是精确无误的，这种判定的结果一般不会超出我们的预期范围。

李甜甜在班级中的名次一直是前五名，她分析自己之所以不能得第一名是自己语文的分数偏低。为了提高语文成绩，弥补不足，她在课下花费了更多的时间去学习语文。期中考试在即，她更是加倍努力。

期中考试结束之后，同学都很好奇她能考第几名。李甜甜自信满满地说："这次考试我肯定能进前三名。"不少同学嘲笑她"太过自信"，李甜甜却笑而不语。成绩单公布了，正如李甜甜的预测，的确进入前三名，她获得了全班第二名。

课后休息时间，同学好奇地问她："你是怎样知道自己这次一定能考好？"李甜甜分析说："之前的每次考试，我的总成绩比第一名总会低20分，而这20分都归咎于语文分数太低。于是，我在语文方面下了一些功夫。这次考试，我感觉语文个别题目有难度，其他学科难易程度较之前并没啥大的变化，而语文考试中，我只有一道3分的题不会做，并且感觉其他题出错的概率也不高，这么一来，我与第一名的差距便不会超过3分，所以，我预测自己的成绩肯定能够进入前三名。"

李甜甜对自己成绩的分析与预期是一致的，可见，演绎思维是存在预期的有效性的。

在生活中，运用演绎思维去对一般事物进行总结和思考很重要，因为这样更容易发现事物存在的独特之处。我们必须尊重演绎思维的方向性，更要尊重演绎思维的因果性，毕竟只有当我们了解了事物之间的关系，才能预期到结果，做出新的尝试。

抽象思维：获取概念，揭露本质

我们在生活中，经常会听到人们说抽象思维，那么什么是抽象思维？我们脑海中是不是突然会出现抽象画大师毕加索的画。对于不懂画的人来讲，我们可能不知道毕加索的画到底想要表达什么，相对于我们能一眼识别的"具象艺术"，我们把这种不具体描绘真实事物的艺术，称为"抽象艺术"。或许，你心中可能会有疑惑，到底什么是抽象思维呢？

抽象思维是人们在认识活动中运用概念、判断、推理等思维形式，对客观现实进行间接、概括的反映的过程。抽象思维是一种思维形式，它的思维对象必须是客观的。

比如人们会问：量子存在吗？科学家肯定会给出肯定的回答，然而对于我们来讲，我们用肉眼是看不到量子的，但是，我们可以通过抽象思维来思考。有的人不喜欢抽象思维，认为抽象思维太过复杂，正因为抽象思维不是具体的，所以我们才会认为它是虚无缥缈的，抽象思维似乎超越了眼前所看到的现实存在，它跑到了现实的背后，甚至是"脱离"了现实，其实这种感觉是很正常的。即便抽象思维给我们的是这样的一种感受，但是不得不说这种思维是十分重要的。通过抽象思维，我们能对琐碎的现实进行概括，将直接的具体表象进行间接的升华。在现实生活中，我们可以利用抽象思维进行总结，得出更深刻的含义。

一个学生看到树上红透了的苹果掉了下来，高兴地捡起苹果，开心地说道："我能吃苹果了。"

而另一个学生看到红透了的苹果掉了下来，他没有着急去吃，而是在思考牛顿提出的"万有引力"背后是什么原理。不得不承认，第二个学生的思想境界要略高一筹，而从另一个角度去思考，第二个学生的思维就是抽象思维。

在生活中，我们如何学习和运用抽象思维？

第一，学习理论并加以运用。

在学习掌握科学概念、理论之后，我们便能够清晰地掌握这些概念，这就意味着我们可以将这些理论和概念放到现实生活中，指导我们进行实践。

第二，掌握好语言系统。

在我们还没有接触语言之前，我们只是拥有了形象思维，而只有当我们掌握了语言系统，我们才能用语言概括周围的世界规律和现象。

第三，重视训练和演算。

演算能够让我们的思维变得更加缜密，在这一点上是毋庸置疑的。因此，重视日常的训练，能够让我们的抽象思维形成。

第四，抽象思维与记忆方法联合使用。

抽象记忆、理解记忆与抽象思维联合训练，这样可以起到相互促进的效果，这可以提升我们的记忆能力。

抽象思维是大脑左半球的主要功能，通过进行大量的读、写、算来达到抽象思维的升华，当然，在日常生活中，我们可以通过学习哲学等理论来训练自己的抽象思维。

类比思维：有比较才知不同

哲学家康德说过这样的话："每当理智缺乏可靠论证的思路时，类比这个方法往往能指引我们前进。"由于类比思维具有过渡性，即从一个领域的知识过渡到另一个领域，所以类比思维在创造性思维中有着十分重要的地位。

我们不妨先从概念入手，分析什么是类比思维，依其字面意思来讲，类比，即对比。故而类比思维就是对两个具有相似点的事物进行对比的一种思维方式。这种思维方式会对某一种事物的某些特征进行推理，进而能够在同一类事物中得到与之相应的特征显示。类比思维是对特殊事物进行比较，这种比较并非整体性的，而是对某种个例的参照与推理。这种思维方式在归纳和演绎思维无法发挥作用的领域，发挥着极其独到的作用。

很强的创造性也是类比思维具有的特点之一，这主要是由这种思维自身附有的比较性所决定的。类比思维就是对比已知事物的特征，从而对未知事物特征的一种推理。

那么，除了创造性这一特点之外，类比思维还有哪些其他特点呢？

1. 类比思维能够激活我们的想象力。

类比思维会通过联想去激发我们的大脑，从而使我们有明确的思维方向。适当的类比不但能帮助我们对事物进行合理联想，还能够提升我们自身的想象能力与创造能力。此外，类比思维在激活想象力的同时还能够帮助我们打破惯性思维，另辟蹊径。

2. 类比思维具有强大的启发性。

类比思维的启发性非常强大，具体表现在，它能够驱动创新，为之提供具体线索，尤其是创新材料不够充足的时期，我们无法对事物进行有效的系统归纳，也无法进行演绎思维，这个时候类比自然会成为我们启发创新思维的首选方式。

3. 类比思维能提高猜想的可靠性。

运用类比思维去进行假设的时候，一般都能起到加强的作用。这是因为创新过程实质就是人们需要提出较高可靠性的假说。依照类比推理，我们需要对所推理的每一项进行比较，而比较的整个过程本身不就是一个再三确认的过程吗？我们对两个事物包含的每一项特征进行比较，自然这个假设的可靠程度会大幅提高。

有人会说，自己很少去进行类比推理，因为根本不知道如何培养这种思维。其实要培养类比思维，首先需要找到对比项，如果我们找不到事物存在的对比性，找不到对比项，自然就无法进行类比。

在生活中，我们会发现，有比较才会有创新，在创新过程中使用的类比思维往往不会受到推理模式的束缚，通常来讲，类比思维也是具有灵活性与多样性的。

英国科学家培根先生曾经说过："类比联想支配发明。"他把类比与联想进行了紧密的衔接，也就是说，拥有类比思维的人往往能够进行合理的联想，从而借助联想探寻到解决问题的突破点。由此看来，想要提高自己类比思维的能力，我们就必须提高自己的联想能力，尤其是相似事物联想的能力。

在圣诞节那天，父亲为莱特兄弟带回来一份圣诞礼物，兄弟两人迫不及待地打开礼品盒子，他们看到了一个奇怪的玩具，看到这些玩具，他们不知道要怎么玩儿。

这个时候，父亲走过来，拿起玩具，给他们做展示，他们将上面的橡皮筋扭紧，一松手，只看到像蝙蝠一样的回旋陀螺转了起来，随着玩具飞到了空中，兄弟二人同时发出了感慨："真的太有趣了，它像是鸟儿一样。"

从那之后，莱特兄弟便对飞行产生了兴趣，并且一直在想，如果人能飞上天就好了。随着年龄的增长，莱特兄弟开始观察老鹰是怎么飞起来的，然后一步一步将老鹰飞翔的姿势画下来，随后，按照老鹰飞翔的样子，他们两人开始尝试制造飞机。随后，他们对比鸟类的翅膀，在飞机上系上一根绳子，然后带着这架飞机来到了野外，他们像放风筝一样放飞飞机，同时想象着老鹰是如何飞翔的。

经过无数次的实验，他们终于发明出了飞机。

不难发现，莱特兄弟发明飞机的灵感来源于鸟类，也正是对类比思维的运用，才让莱特兄弟找到了发明飞机的灵感。

无论是科学研究层面的创新，还是我们日常工作方法的创新，都离不开类比思维的运用。类比思维本身就是能够有效解决问题的一种思维方式，这种方式恰恰是我们所必需的，通过类比思维可以让我们达到自我认知和实现创新思维的目的。类比思维是我们日常生活中经常会用到的，通过对比才能找到不同，也才能发现不同所在，从而做出正确的选择和抉择。

假设思维：说出"假如"的同时要能证明结果

在生活中，我们与他人在交流的过程中，经常会听到有些人说"假如"。"假如我这次完成年度销售业绩，我会获得提拔的机会。""假如有卖后悔药的，我肯定不会犯昨天那样的错误。"这些挂在口头上的"假如"就是我们认为的假设思维吗？如果我们了解了假设思维，便知道，答案是否定的。

假设思维在日常分析问题的过程中是十分常见的。在生活中，一个问题之所以能够顺利解决，往往会要求我们对问题解决的过程或者是结果进行一种假设，之后再经过一系列的论据论证。而假设思维指的就是对已知事物的规律、理解进行假设的一种思维方式。由此可见，在我们说出"假如"的时候，假设思维要求我们能够找到证明结果，从而验证"假如"是真实可靠的。而一些漫无边际的"假如""幻想"，是不符合假设思维要求的。

人们在得知某个事物之后，出于某种目的一般都会先进行假设，对事物存在的规律和原因进行一种初步判定和说明。因此，这只是一种推测，要想将这种推测变得更为可靠，就必须进行科学的论证和实践，从这点来看，假设思维要想成立离不开实践论证。

一般来讲，假设思维的运用需要经过两个步骤：

1. 假设。

我们解决问题或思考问题时往往需要去假设，但假设是需要依据的，并不能凭空进行假设。那么假设的依据是什么呢？答案是我们掌握的材料与知识。在我们对事情的经过、原因、规律有了初步了解之后，就可以以自己掌握的资料和已经了解的科学原理作为依据来调动大脑中的知识，充分发挥其主观能动性，做出假设。

2. 论证。

假设作为初步的一种猜测，虽然有一定的依据作为支撑，但这并不代表我们所给出的假设是真实的结果。要想得到一个真实合理的结果，对假设进行论证就非常必要。论证就是用事实材料对结果进行不断的证实，继而不断地充实假设，如此不仅能够修正假设，也能让我们找到合适的方法去解决问题，最终把假设趋于合理和科学的状态。

胡适治学时有一句名言："大胆假设，小心求证。"可见，假设思维要求我们在大胆假设的同时，要能够去为假设的命题找到结果，这就说明，假设的内容不是凭空想象出来的，是需要依据的。

小张和小王在院子里下棋，这个时候，有一个陌生人冲着院子里看了一圈，又看了看院子里的牛，然后离开了。小张对小王说："这个人是贼，他肯定想要偷走院子里的牛，看到我们两个在院子里，他便离开了。"

小王听了说道："不，这个人不是贼，他可能是在找牛。"小张不信，便出门喊住了那个人，问他为什么要冲自家院子看一圈。那个人说道："我的牛丢了，我在门外听到你家有牛叫的声音，便想要看看是不是我丢的那头牛。"

小张回到院子，问小王怎么知道那个人不是贼，是在找牛，小王解释道："假设那个人是贼，他冲院子内看，发现有人，便会立刻缩回去，快步离开。而刚才那个人冲院子看了一圈，他明明看到了我们两人在下棋，还冲着院子里的牛看，这说明他不是贼。"

小王的思维过程其实就是假设思维，他通过假设判断门外的人不是贼，而得出这种假设的依据则是观察和分析了门外之人的举动。

假设思维的好处数不胜数，通过假设思维我们能够获得多种解决问题的途径。由此可见，假设思维的价值很大：首先，假设思维能够极大地提高我们解决问题的效率。尤其针对一些复杂的问题，它能够帮助我们精准地锁定便捷的解决方法，让我们避免出现精力大量浪费的情况。其次，假设思维的结果导向可以使我们对结果进行分析，从而以结果为导向，反作用于问题解决的过程。

在实际运用假设思维的过程中，我们会发现假设思维属于一种发散性的思维，它不仅能够帮助我们找到解决问题的方法，也能锻炼我们的思维能力和想象能力。同时，在我们假设的同时，一定要明白自己进行假设的目的是什么，如果毫无目的地进行假设，则假设会变得毫无意义。比如，假设人变成了猪，猪的数量就会增加。这样假设的目的是什么？显然"假设人变成猪"这个命题是不成立的，而这样推演出的结论"猪的数量就会增加"也就毫无价值。当然，假设思维在我们生活中的高频运用，偶尔出现假设偏差也是在所难免的，当我们遇到这种情况，大可不必惊慌，也完全没有必要绞尽脑汁地通过论证去证明自己假设的正确性，否则也只会得到"牵强"的论断。

在生活中，我们运用假设思维，要注意以下三个方面：

第一，在进行假设之前，我们要对问题进行充分的分析。这是至关重要的。当我们遇到一个问题，发现难以直接推理知道答案时，就需要在分析的基础上，确定合适的假设范围。当然，对于一些通过分析可以直接得到结论的论断，就没有必要运用假设思维了。

第二，做好只进行一次情况分析的假设。做过很多无谓的假设之后，我们会发现问题失去了焦点，从而会陷入混乱之中，而一次做好一种情况的假设，就可以确保问题简单化，每一种假设，进行验证才能得到结果，如果有太多未经验证的假设，我们就可能无法通过结论进行推理了。

第三，我们在论证假设的过程中，可以进行再进一步的假设，也就是"假设中的假设"。在某个假设推理过程中，我们要根据需要，依然可以使用假设的方法来进行逻辑分析，在得到某个假设是正确的时候，我们可能仍然需要进一步假设，这种假设中存在假设的情况也是十分常见的。

假设思维的运用具有广泛性，我们每天的生活或工作都可能会使用假设思维。当我们运用假设思维时，有根据地进行假设是一个基本的前提，因为假设并不是毫无边际地去幻想，更不会是不着边际地去乱猜。

一个完美的假设论证过程，要求我们以足够的论据做支撑，只有掌握足够的论据才能够保证我们对假设的论证的合理与准确性。当我们完成了论证之后，就会发现我们的假设是否符合事物本身的发展规律，更使我们精准地了解到假设是否能够满足解决问题的需求。因此，先假设，再论证无疑是通过假设思维解决问题的最佳步骤。

组合思维：它能让人学会合作

1+1=2，这就是组合思维吗？其实，组合思维远远要比1+1=2复杂得多。

组合思维又被称为合成思维，我们通过它的名称不难看出这种思维并不是对单个事物进行的思维分析。简单来说，组合思维是把多项不相关的事物加以联系，使之成为一个整体。但是组合思维并不是个体之间的单纯叠加，在功能上，可能会产生1+1>2的功效。这种思维在生活中的运用也是很多的。所呈现出来的形式，也是多种多样的。

1. 同类组合。

将同一类别的事物进行组合，使之形成一个整体，这样的整体在结构或范围上产生的影响力和效力更明显。

比如，我们将红色的玫瑰、白色的百合和满天星、紫色的紫罗兰等进行组合，编织成一个五彩缤纷的花篮，从而售价可以远超单个品种花卉的价格之和。这看似是一种商业模式，但是其背后的"主导者"正是同类组合的思维模式。

2. 异类组合。

异类组合，顾名思义，就是把两种或者两种以上可能来自不同的领域的事物进行组合，这些事物的组合可以产生不同的思想，组合起来之后的思想也无主次之分。被组合的对象能够在结构、材质或成分等很多方面进行相互渗透，甚至可以说是相互融合，最终使其整体变化显著。

比如，在我国云南彝族会将火药、铁矿石渣、铅块等不同的物品放到一个干葫芦里，再将干葫芦颈部塞入火草，将葫芦放进网兜，这就是经过异类组合创造出来的世界上最早的手榴弹"葫芦飞雷"。而这种异类组合创造的价值，正是异类组合思维运用的最直接体现。

3. 重组组合。

重组是作为一种组合的手段出现的，我们首先应该将事物的不同层次进行拆分解构，然后重新组合，去挖掘和发挥更大或更深层次的潜力。比如我们儿时玩的积木，其根本上就是通过不断地拆分与组合，去帮助建立孩子重组的意识，培养和挖掘孩子的重组能力与潜力。

4. 共享组合。

把某个事物中富有相同功能的要素进行组合以求达到共享的目的就是共享组合。

比如生活中，我们常用的吹风机、卷发棒等可以共用同一个带插销的手柄等。

5. 概念组合。

所谓概念组合不外乎就是对已经总结出来的命题概念去进行组合。

比如，我们日常生活中经常会听到的绿色食品、阳光录取、音乐餐厅等。

组合的形式多种多样，但是无论以哪种形式进行组合，目的都是使事物具备更大的价值或者优势。就像是拔河比赛，人员上的叠加组合使得整支队伍变得更加有力量。

对于我们日常生活来讲，善于运用组合思维，就可以让我们学会合作。因为合作的过程本身就是将每个人的优势进行拼接组合，从而发挥出更大优势的过程。

如果我们将组合的实质理解为简单的拼接，那就大错特错了，其实，合作的实质就是创新，它并不是简单地进行排列。组合思维就是把表面上看似毫无关联的事物进行组合，通过组合能让整体发挥或者增强某些功能或特征的一种方式。通过组合而形成的整体会具备其中某个单个事物不具备的功能。比如，一辆汽车大约需要三万个零部件，如果将这三万个零部件简单排列起来，恐怕三万个零件仍然只是零部件，根本不能称之为组合，我们只有将三万个零部件进行规律的、高效的组合，才能形成了一辆炫酷的轿车，而当我们把轿车上的任何一个零部件取出来，都承担不了汽车本身的功能，更谈不上提高轿车的速度与性能，而轿车之所以是一个能够高速行驶的代步工具就是各个零部件组合后的新功能。因此，我们应该明白组合不是事物之间简单地相加，不是1+1=2，它是一种创新，是1+1>2。而对一个团队来讲，组合就是合作，合作的工作效果肯定要比单枪匹马的工作效果要好很多。

在生活中，我们理解组合的途径有很多，就以家庭来讲，我们不得不承认，任何一个家庭都可以成为一个组合体，它是由每个家庭成员组成的，而家庭成员的关系其实就是一种合作关系，父亲和母亲合作来照顾、养育孩子，而孩子也会与父母合作，一起实现家庭的价值。这种家庭成员的组合，才能形成家庭。而家庭的社会作用要远远大于一个人的社会作用。

当然，组合思维的形成不是凭空的，它要求我们有一定的知识积累与储备，因为缺乏知识的积累就很难对各个局部的事物产生一定的认知。就比如，我们想组装一台电脑，如果不懂得电脑各个零部件的功能，恐怕也就无法成功地组装电脑。

在工作中，更是需要运用组合思维，我们与同事、上级、下级都需要合作，而这种合作的方式其实就是简单的人员组合。不管是运用怎样的方式，我们学习组合思维的目的就是利用更多的优势来完成某一件事情，而善于运用组合思维的人往往是善于合作的人，他们会利用人与人之间的合作、物与物之间的合作，最终获得自己想要得到的结果。

判断思维：它能让人具备辨别力

很长时间以来，在教育界有一个梦寐以求的目标，就是希望通过某种方式来提高人的智商，让人变得更有能力。不只是熟练地运用某种技巧，而是使人能够在学业、职场上获得更多成就。

经过多年的研究，研究者终于建立并验证了提高一般思维技能的教育方法和模式，其中最为核心的部分就是判断思维技能。经过研究发现，将判断性思维与学习相融合，这能够产生更具建设性的结果。当然，这是对判断性思维在教育界作用的研究。在日常生活中，这种思维的运用也是比较广泛的。

一位思维教练在课堂上给学生讲述了一个真实的故事：

曾经有一位富翁与一位向导在非洲狩猎，经过三个昼夜的周旋，终于将一匹狼捕获。在向导正准备将这匹狼杀死的时候，这位富翁制止了他。这位富翁竟然想救活这匹狼，原因是什么呢？

原来在富翁和向导追赶这匹狼的时候，这匹狼逃到了一个"丁"字岔道上，它正前方是向导，而富翁则拿着枪站在狼的身后，狼站在两个人的中间，狼向向导的枪口冲过去，准备夺路而逃。不幸的是，狼在夺路的时候被捕获，也中了枪。

虽然捕获了这匹狼，但是富翁却高兴不起来，因为他感到很疑惑，为什么狼不走岔路，反而要去夺路，难道那条岔路比向导的枪还要危险吗？

　　富翁将自己的疑惑告诉了向导，向导说道："在这里，狼是一种十分聪明的动物，它们知道只要夺路成功，便有生还的机会，而选择岔路，必定死路一条，因为这条看似平坦的岔路上肯定有很多陷阱，这是狼长期与猎人周旋所悟出的道理。"

　　富翁听了向导的话，他决定将这匹狼救活。如今那匹狼被放进了禁猎公园生活，所有的生活费都由那位富翁负责。别人问富翁为什么要这么做，富翁说："是这匹狼让我明白一个道理，在这个竞争激烈的社会中，真正的陷阱都会伪装成机会，真正的机会也会伪装成陷阱。"

思维教练讲完故事之后，便问在场的学员，什么是判断？

　　有的学员说判断是一个思维过程，有的学员说判断就是取舍，还有的学员说判断是在经过分析比较后，根据自己的需要做的一个决定。显然，思维教练对学员的回答不满意，教练让所有学员抛弃现有的职业思维，将自己当成那匹狼，然后去思考，什么是判断。

　　学员经过讨论，发现判断其实就是评估论证，而选择是一个评估论证的思维过程，无论是人类还是动物，都需要有判断思维的能力。

　　了解了判断，我们自然会想到判断性思维。判断思维是普遍存在的，比如孩子对是非的简单辨别，成人对职业方向的选择，企业家对经营方式的决策，等等。就连学生在考试的时候，填写的选择题、判断题，都需要用到判断思维。

　　判断思维的基础是什么？我们还回归那匹被富翁捕获的狼身上，它选择夺路，而不选择岔路的理由是什么？是直觉，而直觉来自哪儿？来自被猎人捕获时，逃生的经验，或者看到其他狼选择平坦岔路、掉入陷阱而死的经验。因此，判断思维的基础是经验。

一个人无论做什么事情，在具备相关经验之后，他就具备了相应的辨别能力。那这是不是就意味着在经验的基础上进行判断思维的思考，就肯定不会出错呢？答案是否定的。比如我们知道溺水身亡的人多半都具备丰富的游泳经验，负债累累的多半是经验丰富的企业主，跌倒在股市里的人多是"玩股"高手。那么，为什么拥有经验，也会判断失误呢？

1. 人们用判断思维去进行判断，但不一定会执行正确的判断。也就是说有些人虽然具有了辨别能力，但是不去执行，或者用错误的方式去执行，最终导致判断结果出错。

2. 判断的对象是随着时间发生变化的，现在我们看着是好的，不一定永远都是好的，现在我们感觉是对的，但是不一定永远都是对的。

3. 做出同样的决策，在不同的时机，所达到的结果也是不同的。因此，在运用判断思维进行选择时，一定要掌握好时机的节奏，这点很关键。

4. 判断时，没有着眼全局，也就是说我们对局部的判断是正确的，但是在整体上却是错误的。

5. 所谓"人算不如天算"。做任何事情都有"意料之外"的情况发生，如果我们进行判断性思维的时候，没有考虑到"意料之外"的结果，那么很可能会做出错误的判断。

在判断思维过程中，我们可以凭借以往的经验，但是经验只是判断的基础。除此之外，我们还要判断自己掌握的信息是不是充分、真实，时间上是不是充裕，问题是不是简单，判断的环境如何，等等，这些都会影响判断性思维的正确性。也正因如此，判断思维也就具有了神秘性，所以许多专家学者都称这种判断决策是一门很深的学问。而我们了解判断思维，可以帮助我们掌握事物发展的规律。但是在运用判断思维的时候，一定要明确下面几点：

第一，随机选择，并不是判断。判断是需要充足理由的，因此，判断看似是简单的肯定和否定，其实它是一个严谨的论证评估的过程。

第二，受到主观因素的影响，判断的选择也是有所不同的。所以，有人做出损人不利己的事情，有人却能够大公无私，原因正是我们的判断思维会受到主观因素的影响。

第三，从本质来看，判断思维是最简单的推理过程，但是它所获得的结果可能并不简单。

第四，判断是建立在经验基础之上的思维活动，经验是基础，如果没有经验，那么判断思维的运用意义不会太大。

在日常生活中，我们需要用判断思维去分析是非对错以及利弊。我们知道如何做是对自己好，如何做是对别人好，如何做能学习更好，如何做能工作更出色。因此，判断思维在生活中运用很广泛，广泛到人们都不认为选择的背后是一种复杂的思维方式。我们要具备基本的辨别能力，自然就要锻炼自己的判断思维，在自己的经验之上，让自己的判断更正确。

系统思维：树立整体观念，着眼于全局

系统思维，顾名思义，就是把我们所思维的对象看作一个系统，把系统与要素作为出发点，在其系统与环境的关系中去进行综合性的考察和认知。

系统思维有什么作用呢？在问题面前，系统思维能够帮助我们抓住事物的本质和要害，从而确保我们站在全局的角度，以制高点的思维去思考和解决问题。当然，系统思维的运用要以我们自身抽象能力作为基础，通常情况下，我们会将这种抽象思维归结为整体观或者全局观。

在一个事物的发展过程中，可能会包含多项元素，在不同的元素之间存在一定的联系，当然这种联系也是一种必然。要想系统地去思考问题，就需要我们站在所有因素之上，而不是简单、单纯地站在某一个层次或从某一个方面对问题进行思考，更不能从系统中抽出某个元素单独思考。

除此之外，系统思维要求我们把预期的结果、去实现结果的整个过程以及结果产生的影响进行一系列相关的研究和规划，最终实现全面思考，而不是简单地就事论事。所以，我们将系统思维的本质看作一种全面思考的方法，考虑到整个事物的发展过程和结果，这是进行系统思维的必然要求，

有这样一个案例，我们不妨分析一下：

作为当地经济龙头企业的某食品生产集团的总经理，李凯云自然是有更大的"野心"。因为，在这个地方还有另一家食品生产企业，这家企业的规模虽然不大，但是固定资产已经达到了3000万元。这家

企业的副总经理找到李凯云，对李凯云说："经过我们公司内部商议，希望我们公司能成为您企业旗下的一个分公司。"

李凯云听了感到十分惊讶，要知道这意味着对方企业是主动请求被收购。李凯云并没有立即给对方准确的答复。而是在自己公司召开了会议，以商议是否收购的事情。会上，大部分企业高层领导对收购这家食品生产企业表示认可，毕竟对方的固定资产也已有几千万元。然而，身为市场部经理的小何却说出了自己的见解："据我了解，这家企业是现金流出了问题，我们不应该在这时收购这家企业。"

李凯云示意他仔细讲讲，小何说道："这家企业只有老产品，而没有新产品研发，整个企业大约有员工三百人，并且没有专业的销售团队，销售能力很差，单纯依靠之前的老客户和老的销售渠道进行销售，如果按照他们说的年盈利上千万元，那么他们为何要让我们收购？他们的应收款估计都已经累积到千万元了，只是收不回来而已。这一点也就表明现在他们的资金链条出现了问题。我们现在去做收购无非是给自己挖了个坑，我们需要往里面投至少5000万元来填平这个坑。"李凯云听了之后，对这家企业进行全面了解与评估，最终，他放弃收购这家企业。

老话常说："天下没有免费的午餐。"在生活中，当我们真的碰上了"免费午餐"时，就必须进行全面思考，以识别这是不是一场有去无回的"鸿门宴"。要知道现实中存在的诱惑实在太多，而要想不被诱惑，就应该从事物的全局出发，用全局思维思考问题，避免让自己陷入迷途。而全局思维不就是系统思维吗？故而掌握系统思维十分重要。

系统思维具有哪些特点呢？我们不妨简单了解一下：

1. 整体性。

顾名思义，整体性就是将整体置于首位，从整体进行考虑，而不是将整体所包含的任意一部分或者其中一个元素放在第一位。这也就意味着整体和全局将是我们思考问题的方向定位，如果我们抛开整体去思考问题，在选择与推断时可能会出现错误，陷入困境。

2. 要素性。

每一个整体的构成都包含多种要素，因此，透过整体，就要求我们对其中的每一个要素的每个部分都进行思考，以此得到一个较为全面的考量，这样才能保证整个系统运转的正常。

3. 功能性。

要想整个系统都能够呈现出最佳的状态，就要求我们从大局出发，然后适当地对系统内部各个元素的作用或功能进行调整或改变。在这个过程中，我们利用对部分功能的优化或改变，促使整个系统的功能性变得更加强大，从而收获系统的全局利益。

4. 结构性。

结构性是通过调整或重组系统中各个结构，使得整个系统内部结构更加合理。单纯一个部分无法组成一个系统，系统是由多个部分组成的，每个部分之间进行合理的结合，这对系统能否正常运营是有一定影响的。因此，系统思维能够调整系统中存在的问题，这是保证事物运行能够时刻处在最优状态的必备条件。

由此可见，系统思维所具备的特点是能够帮助我们分析和理解系统与系统之间、系统与其内部元素之间的联系，同时它对我们探索新的知识领域有一定促进作用，对新领域的探索能够让我们了解与掌握新的知识系统。

生活在三线小城市的李红艳想要创业，她思考了许久，发现当地儿童兴趣培训业风头正盛，再加上她自己毕业于师范院校，本身学的就是古筝。于是，她与家人商量之后，便在当地开设一家古筝培训班。从选址到装修，买教学器具，前前后后花费了近三个月的时间。

满腔热血的李红艳最初以为办培训班应该是一件比较轻松的事情，只要招生、授课就可以了。但是万万没想到仅仅就是在招生阶段，李红艳就遇到了难题。因为她的培训机构刚成立，当地人们都不知道，再加上她根本没有招生的经验，就连课时收费标准，都是按照其他培训机构来的。可想而知，培训班的"第一炮"就没有打响。再加上为了节约成本，培训机构的选址太过偏僻，很多学生不愿意跑这么远来学习古筝，最终，就连交了费用的十几个学生也因交通不便而中途退课。

我们不难看出李红艳在开设培训机构之前，只是凭借一腔热情，并没有站在全局的角度对这件事情进行分析，导致她在遇到问题后，没有看到问题"症结"所在，也不懂得如何正确处理问题，这才导致她最后创业失败。我们在对任何事情做出判断与决定之前，如果不能对事情进行全面的分析，往往就会忽视很多关乎成败的重要因素，最终的结果一定会影响全局的发展。

一个善于进行系统思维的人，总是能站在最高点去看待问题，对系统中的每个细节进行认真的考虑和考量，从而避免出现错误与遗漏。除此之外，我们还需注意，系统思维具有动态性，即系统的存在并不是一成不变的，随着时间的推移、事情的发展，系统也是会随着发展而变化的。我们必须接受系统的变化，及时去提高自己的全局思维意识，以保证随时调动全局思维处理问题或认识事物。

归纳思维：它能让人做事情有条不紊

要了解归纳思维，我们还是需要先了解它的定义。归纳思维法是一种从特殊事物到一般事物原理的具有推导性的思维方法，简单来说就是通过已经掌握的大量事实，从而推理出一般性的事物特征或规律，我们常见的数理科目中的大量定律和公式，多是运用归纳思维得出的。完全归纳法和不完全归纳法是归纳思维法的两大类别。当然，在实际生活中，不完全归纳法是我们用到的最多最为常见的一种思维方法，它是通过对一个或几个事物的推理来获得一般结论的过程。而完全归纳法则与之不同，它是依据每一个个体所具备的共同的特性，去推导出这类事物所具有的某种属性。

作为一种可靠性较强的推理方式，完全归纳思维也存在着它本身的弱点。"不够实用"就是完全归纳思维的致命弱点，因为只有在个体数量很少的情况下，我们才能运用这种方式进行总结。相对而言，不完全归纳的思维就比较实用，但是它的结论却不一定可靠和合理。因此，我们需要针对完全归纳思维和不完全归纳思维所具有的弱点进行弥补，根据事物之间存在的本质属性和因果关系进行深入探究，从事物所包含的因果关系中探索出事物的必然联系，从而得出一般性的结论，这就是一个科学归纳思维的过程。

我们可以尝试通过以下几种方法来判定事物之间的关系，从而科学地使用归纳思维。

1. 求同法。

将某一事物置于不同的场合之下，能够出现相同的现象，如果我们可以认定场合是唯一一个共同的因素，那么我们就可以确定出现这种现象的原因就是这个场合。比如，"是金子总会发光"这句话是怎么来的？金子为什么会发光？我们把金子放在阳光下它会发出耀眼的光，放在阴凉处也同样会发光，晴天它发光，阴天也会发光，然而夜晚金子却不会发光。我们通过观察并对这一现象进行归纳不难发现，对光线的反射才是金子发光的根本原因。

2. 存异法。

如果一种现象能够在一个场景下出现，也可以在另一种场景下出现，而在这两个场景之下只有一个条件存在不同，那么我们就能够判断这个条件就是出现这个现象的原因。所以我们要想在实际中运用存异法，就需要满足以下两个条件：第一个条件是这种现象会出现在不同的场景中，且在不同场景中所出现的现象都具有合理性；第二个条件则是在不同的场景之中的现象，只能够存在一个不同条件，其他多个不同条件并不存在。

3. 剩余法。

如果我们已经掌握了某个复杂现象的产生，是由另一个原因所引起的，而把其中已经明确了因果关系的那一部分进行删除，其剩余的那一部分就不一定能够再次形成因果关系。也就是，像这样减掉已知的因果关系，所剩下的恐怕就再也没有因果关系的存在。

伟大的科学家居里夫人在对镭元素的探索过程中，也用到了剩余法。居里夫人在发现镭元素之前，通过种种实验，就已经掌握了纯铀存在于一定数量的沥青铀矿中，纯铀所发射出的放射线强度的大小与沥青铀矿是息息相关的。经过长期的观察与研究，她发现，沥青铀矿所发出的放射线强度要更高。由此她推断出沥青铀矿中一定还存在着一种特殊元素，这种元素能够放射出较强的放射线。凭借这个想法，通过反复推敲与研究，居里夫人最终发现了镭元素。

以上详尽地介绍了归纳思维的三种方法，这对我们认清楚事物之间的因果关系能够起到很大的帮助作用。其实除了这些运用科学的归纳思维去进行一般规律的总结之外，还有许多其他的方法可供我们参考和运用。比如，"共用法"和"共变法"等。但是无论运用哪一种方法，其最终目的都是让我们在最短的时间内探寻到最合适的方法，从而在特殊中能够快速准确地总结出一般规律。

归纳思维是一种对一般规律探索所必备的方法之一，更是我们对已经得出的判断和推理进行有效归纳与总结的方法。就好比，当参加完某项考核之后，你发现自己好像并不具备通过此次考核的能力。此时，你会对自己以往的种种行为或者思想进行再次反思与挖掘，从中得出自己无法通过考核的原因。

梁玉红作为一家房地产中介的销售员，她有着自己的销售手段，其中，她手中有一套房子在网上挂了已经有半年时间，但是仍然无人问津，卖不出去。据梁玉红分析，这套房子面积虽并不大，但南北通透，阳光充足，她个人感觉这套房子的条件非常好，可不知道为什么就是没人买。

梁玉红近期一共带了三个客户去看这套房子，第一位客户拒绝的理由是："我们家里有三代六口人，两室一厅，面积太小，不合适。"

第二位客户拒绝的原因是："我家的东西太多，虽然我们一家四口，这个房子能住开，但是缺少储物空间，整个家里会混乱不堪，不合适。"

第三位客户是老两口："我们还有几年就退休了，这个房子周围没有公园，连菜市场也没有，这对我们将来养老来讲，是不合适的，因为生活便捷度很低。"

一连三次遭到拒绝的梁玉红特别沮丧，但她通过对这三位客户所提出的不满进行了分析总结，他发现这套房子如果是一家三口居住应该最适合，即：父母带一个孩子，父母最好是上班族，孩子可以就近入学，因为忙于工作，父母对有没有休闲设施也不会过于在乎，通过自己的一番归纳总结，她锁定目标客户，在之后短短的一个月之内，便将这套房子顺利出售给了一个三口之家。

在日常生活中，利用归纳思维，对一般事物规律进行有效的归纳总结是一种非常实用的"技能"，掌握这项技能就能够让我们的生活更为顺畅。而当我们在运用归纳思维的时候，一定要保证自己所推导出的结果是准确可靠的，探究如何去保障结果的可靠性，就离不开对事物内在的关系和联系进行全面了解与掌握。因此，归纳思维运用的实质就是对事物内部关系的掌握和事物内部特点的一种探寻。

归纳推理的三段论

归纳三段论是什么意思？看到这个标题的时候，我们是不是感觉很迷茫。我们了解到提出归纳推理三段论的是亚里士多德，他认为其是用三段论来表述归纳过程的一种归纳推理形式。

单纯看这个概念，我们可能不明白归纳三段论是什么意思。那么，我们不妨用下面的例子展开分析阐述：

在第一次世界大战时，德军向法军发起了猛烈的进攻，法军为了能够顺利地避开德军，找个地方养精蓄锐，巧施"隐身术"，躲藏了起来，德军一时之间失去了攻击目标。

德军指挥官十分气愤，便下令侦察敌情。一天，德军一名军官用望远镜搜索法军阵地，发现从法军阵地内，慢慢地爬出一只十分名贵的波斯猫，它懒洋洋地躺在那里晒太阳。于是德军军官便判断出对方阵地必然有指挥所。

具体的推理过程是这样的。第一步，德国指挥官认为凡是有名贵波斯猫的地方就有法军的高级指挥官，前方阵地有名贵的波斯猫，所以前方阵地肯定有法军高级指挥官。第二步，凡有法军高级指挥官在的地方就有法军高级指挥所，前方阵地有法军高级指挥官，所以，前方阵地肯定就有法军高级指挥所。

其实德国军官的这个推理过程就是运用了归纳三段论。三段论就像是思想在上阶梯，只有搭建好第一层阶梯，才有可能上到更高的阶梯。实际上，三段论是一个一般性的大前提以及一个附属于一般性的小前提，从而引申出一个符合一般性原则的特殊化结论的过程。

从思维过程来看，任何三段论必然具有大、小前提和结论，缺少任何一个部分都无法构成三段论推理。当然，在生活中，我们为了语言上的简练，也会省去其中某个部分不说，省去不说的部分可能是大前提，也可能是小前提，当然也可以是结论。

1. 省略大前提。

"你是新闻系的学生，你应当学好新闻学理论。"这句话中，省略了"凡是新闻系的学生都应该学好新闻学理论"这个大的前提。

2. 省略小前提。

"这个小品不是好作品，因为小品只有让人笑了才能称得上好作品。"这句话的小前提是"这部小品不好笑"。

3. 省略了结论。

"所有的人都会犯错误，你也是人。"这句话省略了结论"你也会犯错误"。

在生活中，我们会不自觉地用到三段论，如果我们不了解逻辑思维的知识，可能不会意识到自己在使用三段论。

小张在工作中，与同事发生了分歧，同事说小张做事情太武断，根本不考虑团队其他人的意见，而小张认为自己比其他同事经验丰富、从业时间久，所以掌握的技术要熟练，做出的决定也会最正确。没想到因为这件事情，同事说小张："每个人都有判断失误的时候，你也是人。"

　　听了同事的话，小张虽然很不高兴，但是他不得不承认，同事说得很有道理。小张承认自己也会有判断失误的时候。

　　第二天，小张到了单位，他决定按照同事的建议，重新做出决定。

　　三段论的思维方式在某种意义上来讲，是可以达到帮助人们自省的目的的。我们在生活中，与别人沟通和交往，可能有些话不方便直截了当地表达出来，这个时候，不妨运用三段论的方式表达出来，这样能够让对方自己去思考和觉悟。

　　当然，三段论的运用也是需要谨慎的，毕竟并不是所有的事物具备了大前提、小前提和结论，都能称之为三段论。比如我们说"金子都是发光的，这个小圆球是发光的，那么小圆球是金子做的"。这个看似是三段论的推理方法，但是不成立。虽然大前提是对的，小前提也是正确的，但是结论不一定正确，即小圆球发光不一定是金子做的，还可能是其他物质做的。因此，在生活中，要学会正确地运用三段论进行推理，并不是所有情况下都能运用这种论证推理方法。

第三章

逻辑的进阶：
帮你感知思维的生长与变化

收敛思维：寻找正确的答案

俗话说得好："内行看门道，外行看热闹。"在许多时候，人们在信息量的占有上并没有多大的差距，也无多大差别，但有些人能从中看出问题，而有些人却始终看不出问题所在。这究竟是为什么呢？这主要是由于头脑的内在思维观察结构不同所。收敛思维能力比较强的人，他的思维能力、观察能力都相对严谨细密。因此，在获得相同的信息后，他们对信息的提取率也是比较高的。由此可见，收敛思维能够帮助我们找到正确的答案，让我们更好地读取外界信息。

收敛思维又被称作集中思维或辐轴思维，听起来是否觉得难以理解？其实，收敛思维指的是某一种问题仅仅有一种正确答案。为了能够获得正确的答案，就要求我们在思考整个问题的过程中，思考的每一步都能指向这唯一的答案。

收敛思维的中心点是什么？其实，收敛思维是以某种研究对象为中心的，大脑会收集各种信息和思路，通过比较、筛选、组合和论证，从而得出现有问题解决的最佳方案。

收敛思维就如同是打靶一样，所有信息的收集如同是射击，目标就是靶心。我们需要寻求最佳的结果，或者说是在一定条件下，保证结果最佳。擅长运用收敛思维的人，解决问题的过程就是实现目标的过程。

童年时期的高尔基在食品店干杂活，这个时候店里进来一位客人，这个客人提出了一个十分刁钻的要求：“我要订九个蛋糕，但是要分别装在四个盒子里，每个盒子里至少要装三块蛋糕。”

听了客人的要求，店里其他的员工不知道要怎么做，高尔基却想出了办法。他先将九块蛋糕放到三个盒子里，每个盒子里放三块，再将三个盒子装在一个大盒子里，用包装袋扎好。

一般来讲，遇到这种刁钻的客人，我们可能会直接上前与其进行理论，认为对方是在为难自己。而高尔基却用收敛思维巧妙地化解了客人的“刁难”。对于年幼的高尔基来讲，他可能并没有意识到自己的思维是收敛思维，但是他运用这种思维化解了矛盾。

在日常生活中，有些人对收敛思维存在误解，认为这种思维是保守思维，不存在创造性，这种认知是大错特错的。收敛思维并不是保守思维，它在各个方面和领域都是开放性的，比如我们在桌子上摆放了四种物品，需要通过观察四种物品，找到与众不同之处，还需要找到两种物品的相同之处。在处理这个问题的过程中，我们便需要运用收敛思维。在这个过程中，我们不能说这种从已知物品身上寻找不同之处的方法就不属于创新。

在生活中，运用收敛思维来寻找正确的答案，对我们解决问题有何好处呢？

第一，避免直接面对矛盾点。如果我们的眼里只有结果本身，我们一味地去追求结果，那么追求结果的过程可能会变得冒进。而换句话说，如果我们从另一个角度去思考，我们想的是以结果为导向，将掌握的信息和思想进行汇集，从这些思想中提取有利于实现结果的那部分内容，在做事情的过程中，我们会发现结果的实现也并不是太难。

第二，利用收敛思维的独有性，我们可以找到更合适的解决问题的方法。

对于某些问题的解决，运用一般的方法去解决问题是无法实现的。此时，我们就需要运用独到的解决方法来让自己掌握更多的信息。

第三，利用收敛思维的比较性，我们能够看到事物的与众不同之处。对于寻找事物的特点，利用事物特点来解决问题是有一定帮助的。

聪明的人善于利用收敛思维来处理棘手问题，在运用这种思维的过程中，我们要遵守事物的真理性和逻辑性，要求实事求是，符合客观事物发展规律。只有这样，我们才能找到问题的正确答案，避免陷入思维混乱，从而导致问题无法得到解决。

博弈思维：斗智斗勇的出发点

什么是博弈思维？要了解博弈思维，我们就需要先了解什么是博弈，博弈本义指的是下棋，而在这里如果将博弈理解为下棋，显然就不太合理了。博弈是指一切有对抗、有对手的游戏，游戏结果会有输有赢。而生活中，我们常见的各类比赛，都属于博弈性的活动。而最早形成的博弈思维也是由人们由下棋这类的活动总结出来的，所以才被称作为博弈思维法。

我们以下棋为例子，一个人绝不能仅仅考虑自己的棋子要下到哪儿，而是时时刻刻都要考虑对手的下棋思路，思考对手可能会走怎样的棋路。这就形成了博弈思维的实质，即自己思考的策略基础则是对手所采取怎样的策略。我们所熟知的"田忌赛马"的故事，便是充分利用博弈思维的体现。

> 齐国将军田忌和齐威王进行赛马比赛，实行三局两胜制。田忌的好友孙膑经过观察发现，赛马脚力差不多，而齐威王选用的马脚力更胜一筹，按照常理出牌，恐怕田忌会输掉这场比赛，于是，孙膑将田忌的马可以分为上、中、下三等。用下等马对付齐王的上等马，用上等马对付齐王的中等马，用中等马对付齐王的下等马，结果经过三场比赛，田忌取得了两场胜利，而齐王则只有一场胜出，最终田忌赢得齐威王的千金赌注。

这则故事可谓家喻户晓，在故事中，孙膑所运用的便是典型的博弈思维，我们经过仔细分析会发现，原本齐威王是占有绝对优势的，他的三匹马脚力都要优于田忌的。而孙膑的这种赛马方式，让田忌以"三局两胜"获得最终的胜利，这就是博弈思维的神奇之处。因此，我们可以知道，在对抗中，本来强大的一方如果不能利用博弈思维，也会出现失败，而原本看似弱势的一方，运用了这种博弈思维，反而能够取得胜利。所以，在对抗的过程中，博弈思维是人人都离不开的思维方式。

落实在具体的操作层面，我们会发现博弈思维其实就是一个分析、选择的过程，即分析对手可能采取的种种策略，再根据自己制定的策略来进行选择。当然，我们要运用博弈思维，就需要做到以下几点：

1. 知己知彼是前提。我们要运用这种思维，首先要做到了解自己的能力，同时也要了解对方的能力。这样能够保证自己在博弈的过程中，真正做到有的放矢。

2. 能否获胜固然很重要，但是对手的表现也是十分重要的。我们在运用博弈思维的时候，关注点不仅是博弈的结果，而且要关注对方的表现，这能够让我们在博弈思维运用的过程中，及时地进行思路的更新。

3. 确定自己的行为目标尤为重要。我们要使用博弈思维，那么我们是要实现怎样的目标，实现怎样的目标行为才会有效，这点也是十分重要的。

4. 我们要明白实现目标的种种方法是什么，在这个过程中，我们要提出自己的解决方案，获得种种可能性。

5. 我们用博弈思维进行思考问题，就是希望通过分析，了解事物的优劣之处，最终选择一个占有优势的结果。

总而言之，我们所谓的博弈思维法，其实就是一种预测与选择相互结合的方法和智慧。需要强调的是，博弈思维的关键是尽可能地利用事物的种种可能性，不留漏洞，同时要保持清晰的思维和思路。另外，我们需要对博弈思维进行更深刻的认知，将其真正运用到我们的日常生活和工作中。

求易思维：复杂简单化的做事风格

求易思维并不是挑选简单的事情去做，而是要求我们将复杂事情简单化，这样做的目的是能够实现化繁为简，这种思维又被称作简单思维。

要运用求易思维，就需要我们在看待问题的时候，不仅能够将简单的事情看得简单，更应将复杂的事情简单化处理。世间万物，本就不复杂，很多时候只是人们将事情复杂化了。我们在思考事情或处理事情的时候，如果能够遵循事物的客观规律，就一定能够拨开迷雾看到事物的本质，从而找到解决复杂问题的简单钥匙。

有位哲学家说过这样的话："最伟大的真理往往是最简单的真理。"这也就表明，用简单的思维去思考复杂的事情，往往能够得到我们想要的结果。这也就是我们常说的"看似简单，实则最好"。

简单思维的核心就是"简单"，在生活中，我们经常会将简单思维理解为幼稚的、简陋的、不动脑子的思维方式，比如人们常常去讥讽那些蠢笨的人，讥笑那些头脑简单的人，根本不懂得灵活变通地看待问题。

如果我们换个角度，从思维科学的角度去讲，求易思维并不是一种低级的思维方式，因为这种思维有着特殊的功效，能够提高我们的思维效率，这对进行多种思维是有帮助的。在生活中，我们在思考问题的时候，经常会陷入误区，将简单的事情复杂化处理，其实，简单的往往是最好的，简单的往往是最正确的解决办法。人为复杂化只会带来麻烦，并将自己推入两难境地，因此，适当地运用求易思维，对我们处理生活中遇到的问题是有帮助的。

在一个大学课堂上，来了一群小学生，同时在座的还有一群大学生。教授走进教室，开始了自己的课程。

教授在黑板上写了一道题"1+1=？"他示意大学生先说出答案，只见大学生无一人站起来回答，他们担心教授出这么简单的问题里面可能有陷阱，于是低头开始思考。此时，在座的小学生忍不住了，七嘴八舌地回答道："1+1=2啊！"教授没有立刻判断正误。过了几秒钟，只见一个戴着眼镜的大学生站了起来，说道："这道题并没有那么容易，很多时候，我们的生活中，1加1并不等于2，比如我们两个人的力量不一定比一个人的力量大，同样也有可能，两个人的力量远远超过两个个体的力量。"

听了大学生的回答，小学生一脸茫然。此时，大学教授说道："小学生回答得很正确，1加1就是等于2，这是我们从小就学过的数学知识。"他紧接着说道，"我们大学生不敢说出这个答案，并不是我们不知道1加1等于2，而是我们大脑学了很多知识，我们习惯了用复杂的知识去处理简单的事情，这样反而让我们找不到正确答案了。"

的确，在生活中，我们也经常会犯大学生这样的错误，因此才有了"三年学个好医生，十年学个糊涂虫"的民间俗语。

随着年龄的增长，我们看待问题的方法发生了变化，看待问题的角度也有了变化，这与我们的阅历也是有关的。阅历越丰富，似乎越难看清事物的本质，即便事物的本质是如此简单地摆在自己面前，自己宁可用复杂的逻辑去剖析、去论证，也不相信简单答案的正确性。其实，这也是我们要运用求易思维的原因之一。

在生活中，很多事物原本是简单的，而我们习惯了用复杂的思维去看待问题，这就造成了我们无法直接得到简单的答案。而求易思维，就是将原本简单的事情正常化处理，复杂的事情简单化思考。

1. 求易思维能直戳事物的本质。

我们运用思维思考问题的目的是什么？其实很简单，就是看清事物本质，找到解决事情的方法和思路。那么，求易思维便是我们看到事物本质的最有效的思维方法之一，当然，它的效果也是显而易见的。

2. 求易思维能让我们发现复杂之下的内涵。

复杂的事情是由什么组成的？其实，复杂的事情是由一个个简单的事情组成的。就如同一个打了结的毛线圈，它是由一根毛线组成的。因此，求易思维会让我们做事情更有信心，这是击败"畏难"心理的关键。

简单是一种艺术，也是一种境界，是发现真我，自我实现的选择。最好的东西永远都是简单的，将复杂事物简单化，能够让我们看到事物的本质，从而找到解决问题之道。同样，求易思维能够让我们更加有信心去面对困难，在困境中，求易思维如同抽丝剥茧般的存在，我们能看清事物的本质，找到解决问题的最佳途径。

追踪思维：十万个为什么

提到追踪，你是不是会有一种"打破砂锅问到底"的感受？那到底什么是追踪思维呢？这种思维要求我们培养深度思考能力。它指的是我们要能够不断地去追问事物的根本原因。如果我们能够理解事物的根本原因，这就意味着我们更容易洞悉事物的本质。

如果我们将追踪思维定义为寻找事物的本质和根源，那么为什么我们不会对事物产生本质的认知？其实很多时候并不是我们不具备认知事物根源的能力，而是因为我们懒惰，没有充分地研究事物为什么会这样存在，我们缺少质疑精神，缺少多问几个"为什么"。

当然，有时候，我们没有耐心，对于要做的事情，总是想要以最快的速度获得结果，殊不知，如果问题的根源不思考清楚，我们要得到结果便会困难重重。而挖掘事情根源的过程，就是追踪思维的体现。

有的人会说，我的生活中遇到了很多问题，这也浪费了我很多时间和精力，阻碍了我的成长，而这些问题却一直得不到解决。比如，我习惯了拿起手机就玩儿，一玩就是几个小时，我知道每天刷短视频毫无意义，也浪费了休息时间，但是我就是控制不住自己，因为我已经养成了习惯。虽然我明白要努力去克制自己，但是我不愿意付出努力。想必很多人都会有这个习惯，如果不能追问自己，为什么难以戒掉这种坏习惯，恐怕问题就会一直存在，然而，如果我们具备了追踪思维，就会发现，玩手机是顺应了身体休息的节奏，这种节奏是可以用其他习惯来代替的，比如看书、运动。因此，我们看到的很多行为是表现出来的现象，它并不是结果。关键是我们要认清习惯的本质，找到改变的理由。

人类是最具有主观能动性的，只要我们敢于挑战自己，敢于追问问题的本质，我们就能够突破自我，找到根本原因所在，我们也就能解决问题。

1.追踪思维促使我们去找到真相。

无论我们做什么事情，我们都希望能够看到事物的真相，然而，并不是所有真相都裸露在事物表面，大部分的真相是隐藏在事物内部的。因此，这就需要通过追踪思维找出事物的真相。

"妈妈，我是从哪里来的？"

"你是妈妈生出来的。"

"那妈妈你是从哪儿来的？"

"妈妈是妈妈的妈妈生出来的。"

"那妈妈的妈妈是从哪儿来的？"

"是妈妈的外婆生出来的。"

这样的问答，我们小时候可能都经历过，最后妈妈被问得无法回答时，会对孩子说："按照一位名叫达尔文的生物学家的进化论来讲，最早的人是从古类人猿变的。我们每个人都是妈妈生出来的。"

终于，我们找到了答案，"人都是妈妈生出来的"。

这种追问是每个孩子的天性，也是追踪思维的原型。

2.追踪思维运用十分广泛。

在生活中，无论是我们学习知识遇到问题，还是工作中遇到问题，如果我们能养成追踪思维的习惯，那么问题的解决也就十分简单了。而那些会深度思考的人，几乎明白了追问事物的本质。

在生活中，我们会看到一些人为了逃避思考而愿意做任何事情，然而，想要培养自己深度思考的能力，必须挖掘事物的本质。当然，很多人都知道思考能力很重要，但是他们就是有这份心，也没这份力，不敢去面对困难、深挖根本。

曾经一家媒体对一件看似平常的事件进行了追踪报道，原本别家媒体一次性就报道完成的事件，这家媒体用了四年时间，连续四年追踪报道。最终，因为报道的翔实、完整，不仅帮助当地相关部门解决了问题，还帮助当地百姓过上了幸福生活。

可见，追踪不仅是挖掘事物的本质，还能跟踪事物发展的过程，对事物未来的发展方向进行探索。比如，我们追踪一颗花苞的开放过程，就会收获花朵开放时的美丽，甚至能够收获花朵凋零后的硕果累累。

随着社会的进展、科技的进步，追踪思维能够帮助我们获得更多的社会资源，丰富我们的物质文化生活。如果你现在开始培养深度思考的意识，养成追踪思维的习惯，你会发现我们不仅看透了事物发展的过程，也能发现事物的本质，避免自己走弯路或者掉入不必要的陷阱。

追踪思维要求我们具有质疑精神，即我们要看到的不仅是事物的结果，而且要看到结果背后的真相和本质。要挖掘事物隐藏起来的本质，就需要我们多看多问，"为什么会产生这样的结果？""为什么我无法实现成功？"凡事多问几个为什么，这对我们的成功是有帮助的。

求异思维：突破思维定式的束缚

什么样的思维可以称之为求异思维？我们先从概念上来讲，求异思维又被称作发散思维，指的是我们在对某一事物进行认知的过程中，不会受到已有信息或者已有思路的限制，通过不同的方法、手段去寻求不同答案的一种思维方式。单纯从概念来讲，可能很难想象出在怎样的情况下去运用这种思维方式，我们不妨先看一个耳熟能详的故事。

年幼的司马光正在和小伙伴玩耍，其中有一个小孩爬到了大水缸上面玩，不小心掉进了水缸中。其他孩子见到这种状况惊慌失措，司马光却急中生智找来了一块大石头，用力将石头扔到了水缸壁上，水缸瞬间破了一个大洞，水流了出来，落水小孩儿得救了。

想必，大部分人都听过"司马光砸缸"的故事，而司马光用石头砸坏水缸救人的做事方式其实就属于求异思维。那么，求异思维有什么特点呢？

1. 灵活性。

求异思维具有灵活性的特点，也就是我们日常所说的变通性，这就要求我们在看待问题的时候能够灵活变通，不局限于事物的某个方面，也体现在我们处理问题时，思维的灵活变通。而求异的基础便是灵活的思维运用，能从思维的某一方面，跳到更多的方面，从而形成多向思维。

2. 积极性。

求异思维的积极性指的是人们在面对问题时，能够积极、主动地寻求不同的解题答案。在生活中，无论我们做什么事情，都需要用积极、主动的态度去完成，这样才能获得成功，取得成果。

3. 多元性。

求异思维多元性指的是思维方式多方发散，它不同于一元性思维方式，因为一元性思维方式是单方向的思维方式，而求异思维可以称之为一种发散的思维方式，能够找到与众不同的思维认知特点。

求异思维要求我们摆脱正常的习惯思维方式，突破传统的思维惯性，从独特的角度去思考问题，从而形成新的思维方法和解决问题之道。

夫妻两个人带着六岁的孩子来到一个新的城市，他们跑了一天，希望能够找到合适的房子租住。

直到傍晚，他们才看到一张公寓出租的广告贴在一个巷子里。夫妻二人按照地址，敲开了公寓的门，走出来一位老人。

丈夫表明了来意，老人说道："实在抱歉，我们不出租给有孩子的家庭。"

夫妻二人十分无奈，老人关上了公寓门，一家三口决定离开。这个时候，六岁的男孩眼珠一转，似乎想到了什么。

男孩再次敲开了老人的门，男孩对老人说道："老爷爷，你的房子我租了，我没有孩子，但是我带了两个大人。"

老人听了男孩的话，笑出了声，就这样一家三口成功租下了这个公寓。

不得不说，这个孩子是聪明的，他运用求异思维帮助了他们一家三口。在生活中，我们需要用求异思维来从事物的多个角度去思考，从而找到合理的解决之道，最终实现我们最初设定的目标。

逆向思维：反其道而思之

我们先看一则有趣的故事：

小张在上火车之前，发现手机被偷了，他请朋友帮自己寻找，朋友用自己的手机给小张的手机发了一条短信："哥，我没有等到你，但是火车要开了，我将欠你的五万块钱放到了火车站寄存处 A27 号柜子里。"紧接着又发了一条信息："忘了告诉你密码了，密码是2307"。

半个小时之后，小偷站在寄存处 A27 号柜子前被小张和朋友生擒了，并送到了公安机关。

朋友如果以正向思维，直接告诉小偷将手机还回来，这显然是毫无意义的，而运用逆向思维，利用小偷的"贪财"心理引诱其就范，最终即抓住了小偷，又找回了手机。

什么是逆向思维？要弄清楚逆向思维，我们必须了解，人的思维是有方向性的，即我们常说的正、反两个方向，逆向思维就是让思维向着对立面的方向发展，从问题相反面进行探索，即反其道而行之。

要界定是否属于逆向思维，其根本因素则是思维的方向性，而这种方向性的界定则是依据人们日常思维习惯。比如，一位父亲要求孩子写作业，而孩子想要玩玩具，拒绝了父亲让其写作业的要求。此时，父亲转变思维，对孩子说道："这样吧，爸爸来写作业，你当老师，来检查作业，这怎么样？"

孩子听到自己可以像老师一样检查作业，内心自然充满欢喜。而父亲却故意将题全部做错，孩子认真检查的过程中，会仔细地重新做一遍。这样一来，让孩子做作业的目的也就达到了。

在生活中，逆向思维运用是比较广泛的，但其运用也是讲究一定的原则的。逆向思维的使用需要我们明确目的，不能毫无目的地乱用逆向思维。与此同时，更要尊重客观事实，即建立在客观事实的目的之上，我们才能实现逆向思考。

我们既然明白了逆向思维的使用原则，可为何很多人不愿意使用这种思维方式去解决问题或进行问题思考呢？其实原因很简单，因为一部分人懒得动脑，他们习惯了用某种思考方式之后，便懒得动脑使用新的思考方式，这类人在大脑中会自动屏蔽逆向思维。另一种人则是因为不想改变自己固化的思维方式，大脑总是在抗拒新的思维方式，认为固有的思维方式是最直接和最高效的。那么，逆向思维到底要如何去使用呢？

1. 拥有质疑精神，从质疑出发，寻求突破。

在生活中，我们习惯于怎样思考问题，便会用固有的方式去思考问题，很少去质疑自己固有的思维是否正确。因此，要使用逆向思维，先要学会质疑，即提出疑问，从疑问中寻找不同。

2. 从发难中考问已知的事物。

对于已知的事物，我们要敢于摆脱迷恋心态，要去发问质难，并进行合理的扬弃，这可谓逆向思维的递进层面。我们通过下面这则例子便能清楚地进行认知：

一位女士进入一家服装店，要买一件衬衫，老板告知其衬衫需要花费60元，而这件衬衫的进价是50元。

女士递给老板100元，因为这位女士是第一个客人，老板手里没有零钱，只好求助于开饭店的邻居。从邻居那里换来了100元的零钱，服装店老板给了女士40元。

这位女士走后，饭店老板找到服装店老板，告知其100元为假币。服装店老板只好拿一张100元的真币还给了饭店老板。那么，请问服装店老板亏损了多少钱？

要知道服装店老板亏损了多少钱，常规的思考方式是：亏损金额等于支出金额减去收入金额。支出金额是衬衫的进价50元与给饭店老板的100元，收入则是卖衬衫的60元，亏损金额则是150元减去60元，即服装店老板亏损90元。

而运用逆向思维解决这一问题，则是服装店老板损失的钱即女士赚走的钱，即一件衬衫50元、找零40元，加起来一共90元。

两种不同的思维方法解决同一问题，你会发现逆向思维就是从发难中得到已知的结果。

3. 在反思的过程中，独辟蹊径。

反思的过程则是逆向思维最为深入的层面，也就是人的内心的自我活动，是一种反观问题的内省方法，通过反思可以消除僵化的障碍，达到优化思维的目的。

曾经在一家自助餐厅，墙上贴着一个醒目的提示：吃不完造成浪费的罚款20元。

或许你以为这样客人就不会出现吃不完浪费的现象了，相反，浪费现象依然很常见。这天好友对自助餐厅老板说道："你把这个提示改一下，改成'光盘者奖励10元代金券'。"

这位自助餐厅老板照做了，出乎意料的是很少出现浪费的现象，不仅如此，店里的生意更加红火了。自助餐厅老板不解地问好友，为什么会有如此反观？

好友笑着说道："千万不要让客人觉得吃亏了，而是要让他们觉得自己占了便宜。"

逆向思维是一种反向思考的思维方式。对于出现的任何问题来讲，都需要人们大脑付出思考，找到解决问题的对策，从而达到解决问题的目的。而应用逆向思维，就是从反方向来进行思考，反其道而行之，这种思考方式离不开人们的大胆质疑，更离不开人们的反思和自省。当然，这种思考方式可以帮助我们打开问题的大门，发现新的解决问题之道。

侧向思维：条条大路通罗马

侧向思维与正面思维是不一样的，侧向思维也被称作横向思维，是非常规的思维方式之一。

世间万物之间都有联系，很多时候，我们之所以做不好事情，不是因为我们不够聪明，也不是因为我们掌握的知识不够，而是因为我们没有把握事物之间的联系，或者是我们没有发现事物之间存在联系。而一些问题的解决，正是因为明确了事物之间的联系。

数年之前，奥地利有一位医生正在为一道医学难题发愁。他在想如何能够检查出人的胸腔积水，为了解决这个问题，无数医生付出了很多心血。

这位奥地利医生的父亲是一位酒商，在卖酒的时候，父亲只要用手敲一敲酒桶，通过听酒桶的声音，便能够知道酒桶中还有多少酒。突然，他灵机一动，心想人的胸腔不就是一个"酒桶"吗？如果用手敲一敲胸腔，凭借声音，不也就能诊断出胸腔积水的病情了？这就是叩诊的发明过程。

可见，很多事物都经不起耐心地推敲，侧向思维正是帮助我们打开迷宫之门的钥匙。善于运用这种思维方式，能让我们在看似"无解"的问题面前找到合理的答案。

侧向思维又被称为"旁通思维"，它属于发散思维的一种形式，这种思维的方向是沿着正向思维旁侧开辟出新的思路。因此，这种思维也就是我们所说的看似问题在此，其实解决问题的"钥匙"在彼。

古语有言"他山之石可以攻玉"，这就是侧向思维的运用。当然，要拥有侧向思维，就要求我们的头脑够灵活，善于另辟蹊径。

　　在美国，几乎每个家庭都有电冰箱，这种情况已经持续了很多年，但电冰箱的利润却很低，美国的厂商也无能为力、束手无策。而日本人却有一个很棒的想法，他们设计出一款类似19英寸电视机外形尺寸的小型电冰箱，这让美国人意识到原来在办公室、车上都可以使用电冰箱。因此，全家外出旅游，会带上这个微型冰箱，里面会放上冰镇啤酒、饮料或水果，人们在旅途中也可以享受到冰箱带来的清凉饮品。微型冰箱改变了许多人的生活方式，也提高了微型冰箱的市场占有量。

其实，微型冰箱与家用冰箱的工作原理是没有区别的，差别只是产品所处的环境。日本冰箱厂商将微型冰箱定位为办公室、汽车、旅游等"侧翼"方向，有意识地改变了产品的使用环境，这就引发了消费者的追捧，创造了价值。

显然，这是一个成功运用侧向思维的案例，我们在生活中，运用到侧向思维的时候会有很多，但是在运用的时候，一定要注意以下几点：

1. 侧向思维要有依据。

侧向思维一定是有依据的，而不是肆意妄为地乱想，我们可以发散思维去分析事情的解决之道，但是不能毫无根据地谋求出路。

一个果农因为懒惰没有给果树打农药，在果子成熟之后，发现很多果子都有虫子咬过的痕迹，消费者看到有虫子咬过，自然不会去买他的果子。果农想了想，便在有虫子的果树上挂上"绿色无农残"的牌子。

游客到了果园采摘的时候，看到树上的果子，争相去采摘。果农边笑边解释道："虫子是很聪明的，它们只咬最甜的水果。"

很快，果农的水果就被买光了。

果农正是利用了侧向思维去解决自己的实际问题，他之所以有这种解决问题的思路，主要是因为他找到了依据，即"绿色食品"。随着人们生活水平的提高，人们不再单纯注重水果的外观和口感，一部分人开始看重食品的安全性。果农正是抓住了这点，他才有了创新的模式和思想。

2. 侧向思维需要跳出原来的思维圈。

我们要进行侧向思维，肯定需要打破原有的思维圈子，否则很容易掉进现有的思维陷阱。在很多时候，正是因为我们无法跳出原有的思维圈，所以才导致我们无法运用侧向思维，从而找不到通往"罗马"的"新路"。

在生活中，我们需要有更多的思维过程，同时，也需要让自己的思维变得活跃起来。因此，善于利用侧向思维去解决问题的人能够将别人看似难的问题轻而易举地解决掉，也能在最短的时间内实现自己的目标。

辩证思维：白中有黑，黑中有白

想必很多人小时候都做过这样一个小实验：

在白色染料中滴入一点黑色，白色染料会变成灰色。如果在灰色染料中，再加入大量的白色，灰色染料会恢复成白色。

开始的白色和后来灰色变成的白色，通过肉眼来看可能并无差别，但是我们不得不承认，后来灰色变成的白色中是存在黑色染料的。

其实，通过这个小实验，我们可以思考，人们肉眼看到的事物并不都是真实的，而从思维角度来讲，看待任何事物要辩证地去认知，即"白中有黑，黑中有白"，不要只看到事物的一面，也不能单纯地看到事物好的一面，看不到事物不好的一面。

辩证思维指的是承认矛盾、分析矛盾、解决矛盾的思维方式。任何事物的发展都离不开矛盾性，而矛盾的存在并不意味着问题无法解决，反而象征着问题具有进步的空间。

在逻辑思维过程中，事物一般是"非此即彼"或者"非真既假"。而辩证思维，要求我们能看透事物的本质，发现事物"亦此亦彼""亦真亦假"的一面。因此，辩证思维是一种世界观，它能让我们知道万物之间是存在相互联系的，也是相互影响的，而辩证思维正是以世间万物的客观联系为基础的。

我们对事物的看法会影响到我们的行为，而事物总是有正反两个对立面的。辩证思维正是要求我们能够看到事物的两面性。

爱迪生在试验制作白炽灯泡的时候，经历了多达1200次的失败，有一位商人便讽刺爱迪生，说他是一个毫无成就的人，甚至质疑他的白炽灯泡试验。

爱迪生听了大笑着说道："我已经取得了很大的成就，因为我证明了1200种材料是不适合做灯丝的。"

通过爱迪生的回答，可以看到爱迪生和那位商人看待事情的立场是不同的，看待事物的角度也是不一样的。那位商人只看到了爱迪生的失败，根本没有看到爱迪生的失败其实也就是成功。

在生活中，这样的例子还有很多。

一位母亲在夜市上摆地摊，旁边是自己三年级的女儿，女儿在一旁写作业。夜市上人流涌动，十分嘈杂。母亲忙着给客人挑选商品，而女孩则认真地做着作业。

"让孩子在这样嘈杂的环境写作业，她怎么能写好呢？"一个客人对这位母亲说道。

"家里没人，我也要摆地摊，没办法。"母亲无奈地说道，她明白女儿跟着自己受了很多苦。

"正因为这里嘈杂，我才能更加专注地学习，这也让我更加珍惜安静的学习时间和环境。"在一旁写作业的女儿突然说道。

任何事物的发生都有两面性，不管是好的方面，还是坏的方面，我们只有用辩证的态度去对待它，才能全面地认知事物，也才能让自己获得更多正面的能量。也正因如此，辩证思维被认为是高级形态的理论思维，是人类思维能力的核心和关键。那么，辩证思维有何特点呢？

1. 它属于理性思维。

我们对事物全方位的认知，自然需要理性地去进行分析和判断，这就是辩证思维的基本要求。如果我们看待事情总是抱着感性的态度，根本无法理性地去认知事物，那么我们会因为情绪、情感等一系列感性的因素，而根本没有办法透过现象认识事物的本质。

2. 它是一种批判思维。

辩证思维并非毫无根据的质疑，而是在尊重前人经验和知识的基础上，敢于质疑、批判，敢于提出挑战，敢于去突破自我。用批判的眼光来审视已有的经验和知识，在不断否认现实的基础上创造性地发展新理论。

在生活中，运用辩证思维能够帮助我们提升对事物的认知，由浅入深，由感性到理性地认识身边发生的事和遇到的人。再者，在我们遇到困难或者深陷困境时，辩证思维可以帮助我们突破"僵局"，辩证思维就成了我们打破僵局的有力武器。

3. 它属于创新思维。

我们对事物进行辩证认知的目的是什么，其实无非是希望用辩证的方式去认知事物，从而找到促进事物发展的新方法。这也就是我们要说的创新能力，只有辩证地去看待事物，才能看到事物的缺点和优点，避免缺点给自己造成伤害，利用优点实现自我突破。

任何一个人都希望自己能够成为独一无二的，无论做什么事情，都希望自己的所作所为能赢得别人的认可，而这个过程就需要我们用辩证的思维去思考问题，找到有利于自己的方面，避开不利于自己的因素。当然，辩证思维的运用，能使自己变得乐观，即便对待不好的事情，也能让自己用乐观的态度去面对。

第四章

逻辑的谬误：
别让生活欺骗了你

否定前件谬误

我们先不去急着给大家介绍否定前件谬误的概念，我们先看看否定前件谬误会有怎样的表现。比如，有些不擅长英语学习的人会说："如果一个人想要出国留学，那么他就要学会英语；如果一个人不想出国留学，那么，就没有必要学会英语。因为我不想去外国留学，所以我没有必要学习英语。"再比如，有些父母为了鼓励孩子好好学习会对孩子说："如果你考了班里的前五名，那就是妈妈的好孩子。"考试成绩出来之后，孩子发现自己考了第十名，那么他就会认为自己在妈妈心目中已经不是好孩子了。

在生活中，类似上面这样的例子并不少见，几乎每个人都犯过这样的错误。由此可见，否定前件谬误在生活中并不少见，可谓常见的一种逻辑谬误。我们形象地了解了否定前件谬误的例子，那么，什么是否定前件谬误呢？

"否定前件"的意思是，对推论的前提和结论都进行了否定，从而会形成一个新的推论。这样的推论从表面上看似乎是合理的、有道理的、说得通的，但却是不成立的、不准确的，因为它否认了不同事件会产生同样结果的可能性。

在医院病房中，儿子正跟穿着病号服的父亲理论。

"爸爸，医生说了，吸烟对您的病情很不利。"儿子无奈地说道，"所以您还是听话，不要抽烟了。"

"我得的是胃病，又不是肺病，吸烟有什么影响？"父亲不耐烦地说。

"医生说了，吸烟对人体有害，会加速病变。"儿子严肃地说道。

"你的意思是，吸烟会让我死得更快，要是不抽烟是不是我的胃病就好了，就能长寿了？"父亲不屑地反驳道。

儿子无言以对，对老父亲的态度表示无奈。

显然，老人的表述就犯了"否定前件"的错误，吸烟会导致疾病，但并不意味着不抽烟就能长寿。毕竟影响我们长寿与否的因素有很多，并不止抽烟一种原因。比如，意外、酗酒、压力，等等，都有可能导致我们提前死亡，所以老人说的"不吸烟就能长寿"的理论是不成立的。

在生活中，我们很容易就犯了否定前件谬误，那么导致我们犯这种逻辑错误的原因有哪些呢？

1. 话语的情境语义问题。

在某些特定的情境中，理解并没有犯否定前件谬误，只是在语言上做了省略，从而导致出现了这种谬误。

两个人打算周末去郊游，甲对乙说："周末，如果天不冷，我们就去东山郊游。"

这句话的意思是如果天冷的话，去东山郊游的计划就取消。如果周末，天冷了，甲与乙就不会去郊游，这项约定就不存在否定前者谬误。如果天不冷，乙也没有去东山参加郊游，那么这个约定就毫无意义了。

2. 人们认知层面的问题。

人与人的认知是不一样的，对同一件事情的认知也是有所不同的。正因如此，人们在认知上产生了不同，所以才会导致否定前件谬误的发生。

我们经常会听到妈妈对孩子说："你要是能考上名牌大学，你就能找个好工作。"似乎只要考上名牌大学就能找到好工作，考不上好大学，就不会拥有好工作。

3. 受到人们侥幸心理的影响。

人都是心存侥幸心理的，我们经常会听到这样的话："只要你少吃油炸的食物，就能瘦下来。"那么，这些人开始不吃油炸的食物，吃很多肉食，发现自己也没有瘦下来，其实这就是由侥幸心理造成的否定前件谬误。

古代人们常说"人在做，天在看"。到了现代，通过认知水平的提高，人们知道"人在做"和"天"似乎没有关系，于是开始心存侥幸，肆无忌惮地做一些伤天害理的事情，最终导致自己陷入了犯罪的深渊，这些都是心存侥幸才导致触犯了否定前件谬误。

当然，否定前件谬误的社会原因有很多，后果也会有差异，我们只是做了三个原因的总结。在生活中，否定前件谬误的现象有很多，我们要避免落入"简单化"的错误之中。

肯定后件谬误

什么是肯定后件谬误？在逻辑中，对一个假言性推理，肯定前件便能够肯定后件，肯定后件则未必能肯定前件。如果一旦违反了这条规则，就可能得到谬论。比如，"只要下雨，地面就会湿。现在地面潮湿，说明刚才下雨了。"这就是典型的肯定后件谬误。

在生活中，肯定后件谬误并不少见，也就是说，我们先言前提条件，再说后件，而结论肯定了它的前件。比如，"如果他感冒了，他不会来上班；他没有来上班，说明他感冒了"。显然，这种论断是错误的，这一推理也是无效的，因为显然"他"没来上班的原因有很多，也许是感冒了，也许是其他的事情。

　　张立坤接到儿子班主任的电话，说要他去一趟学校。因为儿子比较调皮，上小学以来，老师三天两头地请他去学校，每次去学校，不是儿子与其他小朋友打架了，就是儿子欺负其他小朋友了。

　　张立坤在看到老师电话号码的那一刻，就想到了肯定是儿子在学校犯错误了。张立坤生气地走进老师的办公室，只见儿子与另外一个男生已经在办公室站着了。

　　"老师，我儿子是不是又打架了？"还没等老师说话，张立坤就急匆匆问道。

"是的，但是……"老师还没回答完毕，张立坤就冲儿子腿上踢了一脚，儿子当场倒在地上。

"我让你三天两头打架，你除了打架还能学点别的吗？"张立坤生气地冲儿子嚷道。

"您先别冲动。"老师急忙劝说张立坤，并将他的儿子扶起来。

"这次不赖我。"儿子委屈地说道。

"你只要欺负别的小朋友，老师就会给我打电话。今天老师又给我打电话，肯定你又欺负其他小朋友了。"张立坤冲儿子说道。

"张叔叔，你别着急。是这样的，别人欺负我们班同学，张潇遇到了，便上前制止，对方先动手打了张潇和其他同学，所以张潇才动的手。"站在一旁的另一位小男生说道。

张立坤突然意识到自己的鲁莽，解释道："平常只要你一打架，就是你先欺负别的同学。这次，我以为你又欺负别的同学了，所以才没控制住自己的情绪。"

从张立坤的话语中，就能看出，他犯了肯定后件谬误。正是因为自己的逻辑谬误，导致他误解了儿子。在生活中，我们也会遇到这种情况，而肯定后件谬误会导致怎样的后果呢？

1. 思维绝对化。

我们每个人的生活经历不同，掌握的知识水平不同，因此，思维活跃程度也不同。当一个人犯了肯定后件谬误时，往往思维会变得固化。

比如，一个人经常去一家餐馆吃饭，每次去都吃红烧肉，他很清楚红烧肉的价格是48元。因为工作，他出差了两个月，回来之后，再次去店里吃红烧肉，吃完在付款的时候，才发现红烧肉已经涨到了56元。他气愤地冲店员说："你家红烧肉48元的时候，我经常来你家吃。因为我经常来你家吃红烧肉，那么，这次红烧肉也只能是48元。"

显然，店员不会同意这位顾客的说辞，毕竟这家餐馆的饭菜涨价了，不能一概而论。

2. 违背事实。

"他一吃多了，就肚子疼。所以这次肚子疼，肯定是吃多了。"这样的论断，显然是不合乎常理的，从更深层次来讲，这种论断是有悖真实的。其实，"他"肚子疼的原因有很多，可能是吃多了，也可能是着凉了。

3. 造成思维混乱。

甲说："我早上八点就到公司了，肯定迟到不了。"

乙说："你家距离公司这么远，八点肯定到不了公司，你肯定是在公司睡的。"

乙其实就犯了肯定后件谬误，他认为甲的住址距离公司远，不可能那么早到公司，认为甲之所以没迟到，是因为他在公司睡觉的。这个论断看似有一定逻辑性，但是思维却十分混乱。甲没有迟到，可能是早起了，又可能是乘坐便捷的交通工具让他能够满足八点到公司的条件。而乙的这种论断，显然是不准确的。

在生活中，我们要避免犯肯定后件谬误，因为这种谬误对我们正确地选择与判断会造成负面影响，甚至能够让我们放弃原本正确的选择。

窃取论点谬误

我们采用循环论证的方法来证明一个被包含在前提里的观点。这是一种逻辑智商破产的谬误，因为这种谬误的前提就是将假设默认成了真实的，然后利用循环理论的方式来证明这个假设。

例如："我们要鼓励青年人去崇拜神，从而给他们灌输道德行为思想。"可我们知道宗教和崇拜不会直接产生道德行为，只能在一定程度上引导行为。因此，这个论题则是错误的。

电视剧《士兵突击》一度热播，在电视剧中有一段对白让人印象深刻：

老马问许三多："可是什么有意义呢，许三多？人这辈子绝大多数时候都在做没有意义的事情。"

许三多不急不忙地回答道："有意义就是好好活。"

老马不解地接着问道："那什么是好好活呢？"

许三多继续回答："好好活就是做有意义的事情。"他停顿一下，看了看老马，又说道，"做很多很多有意义的事情。"

无疑，老马想从许三多口中明白什么事情是有意义的，而许三多口中的答案全部在老马提出的问题中包含着，这就是窃取观点谬误的典型体现。

窃取论点谬误之所以是逻辑谬误，通常有下面几种表现：

1. 缺乏正确的论据。

在确定观点之后，我们往往需要寻找论据去证明我们的观点。比如，我们说出"多读书对我们工作有好处"这一论点时，我们就需要找到证明我们这一论点的可靠论据。如果我们以"我们工作不好是因为不爱读书"为论点，这就显然不合理了，因为导致"工作不好"的原因有很多。可想而知，这样的论据是不合理的。

2. 论据不足以支撑结论。

我们确定观点之后，寻找到的论据不足以支撑我们的观点，表述出的论据十分牵强。比如：明明爱玩手机游戏，所以明明学习成绩不好。其实，"明明学习成绩不好"是论点，支撑这个论点的论据是"明明爱玩手机游戏"。并非所有爱玩手游戏的学生，学习成绩都不好，因此，爱玩手机游戏并不一定是明明成绩不好的唯一原因。

3. 提前假定结论是正确的。

我们认定的结论是否正确，需要找到科学、合理的论点去论证，而不是先进行假设或者从内心先给出定义。生活中，我们经常会听到一些人先假设结论是正确的，然后再围绕这个所谓正确的结论去寻找证据，这样的思维方式是错误的。

窃取观点谬误又被称作循环论证，也就是说窃取观点谬误的结论往往包含在论证中，这种逻辑混乱的争论常常发生在人们心中存在的根深蒂固的假设的情况下，因为人们已经对这些原有的观点进行了"正确宣判"。如：人们认为伟人之所以伟大，是因为他们是完美的，是因为伟人的思想是伟大的。

一个胖子和一个瘦子是好朋友，瘦子问胖子："你为什么长这么胖？"

胖子回答："因为我吃得多。"

瘦子接着问道："那你为什么吃得多？"

胖子接着回答："因为我长得胖。"

　　胖子和瘦子的对话中，其实胖子就犯了窃取观点谬误，不难发现胖子的论据都包含在瘦子提出的论点中，这种交谈，对瘦子来讲是毫无意义的，他从中获取不到任何的新信息和有价值的信息。

　　在生活中，窃取观点谬误对我们解决和了解问题本身是没有帮助的，因为我们从论据中找不到新的信息，我们找到的只有论点表现出的信息，这样的论据是不具有说服性的，同样，这样的论据也是不合理的。因此，我们要避免陷入窃取观点谬误，否则我们需要解决的问题始终得不到解决，我们需要了解的现象始终会找不到合适的论据做解释。

假两难推理

假两难推理，又被称作是非黑即白、伪二分法、双刀法、伪两面法等，指的是在提出少数选择项，要从中选择一个，但这些选择并没有覆盖所有的可能性，而提出的选择项一般是两个，但也有可能是三个或者更多。单纯从概念来讲，我们会觉得很难理解，下面我们不妨举个例子来帮助我们理解这种逻辑谬误。

某公司高管在搞"内斗"，主要分成了张总、马总两派。张总作为其中一派的代表人物，对属下说道："不支持我的，不站在我这边的，都站在了我的对立面，都是马总的内线。"

张总的这一论调，其实就是犯了假两难推理，他将员工分为两派，但有些员工是不想卷入张、马斗争的，对于这类人，张总也会划归为"敌对派"。

假两难推理被称为"阴险的策略"，因为从表面上来讲，这是一种符合逻辑的争论，但是仔细分析会发现，这种推理是不可能的，甚至是不合理的，推理本身不仅仅是所提供的"不是……就是……"的两种可能。因此，这种逻辑谬误是经不起仔细推敲和琢磨的。

在生活中，我们会看到很多问卷调查会犯这种"非黑即白"的逻辑谬误，明明还有其他答案，但在问卷中只给出了两个选择。

下面是关于对某个企业售后服务的问卷调查：

1. 请你对此次售后服务做出评价（　　）

A：很满意　B：不满意

2. 你对公司提供的产品体验感受如何（　　）

A：很好　B：不好

3. 总分100分，请你给销售员的表现打分（　　）

A：100分　B：0分

通过以上三个问题，我们不难看出，这个调查问卷根本没有实际意义，因为给出的问题选项，根本不能满足所有人的选择需求。这种以调查问卷的方式来彰显公平性和科学性的方式，其实是一种自欺欺人的调查手段，这样的问卷结果是毫无意义的。

假两难推理的特点是什么？

第一，简单粗暴。

这种非黑即白的逻辑谬误往往会简单粗暴地将事物分成两部分，从而忽略了其他可能性的存在，忽略了中间状态的存在。比如，谈到反恐问题，有人会这样说："如果你不支持反恐，那么你就是支持恐怖分子。"显然这种论调是不合理的，那些对恐怖分子认知不清楚的人，他们也许会处在中间状态，既不是恐怖分子，也没有反恐意识。

第二，将问题一分为二。

你如果不喜欢这个世界，你就是讨厌这个世界。

你如果不喜欢吃咸的，你就是喜欢吃淡的。

你如果不喜欢旅游，你就是喜欢宅在家里。

你如果不反对校园欺凌，你就是支持校园欺凌。

……

　　这种观点，在生活中比比皆是，凡是用这种一分为二观点对待事物的人，往往会忽视事物存在的中间状态，也就是我们所说的"灰色状态"。要知道，这个世界是复杂多变的，并非单纯两个对立面可以完全覆盖的。很多时候，人们并没有看到两个极端状态之外的状态，所以便认为不存在中间状态，这也是思维局限的一种表现。

　　"一位老人住在这里，而这栋老房子墙皮都有裂痕了，要么我们进行翻盖，要么就只能拿老人的生命做赌注了。显然，我们不应该拿老人的生命安全去冒险，那么我们必须翻盖。"

　　这里的问题在于"翻盖"和"拿老人生命做赌注"之外，还有其他的解决办法，比如给老人寻找新的住所等，如果我们没有意识到其他的解决办法，那么自然就容易陷入非黑即白的逻辑谬误中。

　　因此，要避免陷入假两件推理的逻辑谬误，我们需要做的就是拓宽自己的知识面和认知面，只有掌握了广泛的知识，见多识广，才能在问题面前，找到多种解决问题的路径，这才是避免出现这种逻辑谬误的关键所在。当然，除了需要拓宽知识面之外，我们也要丰富自己的阅历，一个阅历丰富的人，在遇到问题时，才能凭借阅历和经验找到新的出路和解决方法。

　　一位年轻人对一位老人说道："我觉得人活着就是要多赚钱，有了钱就有了一切。您说对吗？"

老人没有说话。

年轻人继续说道："你不同意我的观点，你就是否定我的观点。"

老人说道："我的经历告诉我，赚钱的确是一件重要的事情，但是有了钱并不能拥有一切，比如亲情是用钱买不到的。我不同意你的观点，但是也不否定你的观点。"

年轻人或许因为自身经历和认知水平有限，便认为"有钱就有了一切"，然而，老人却不这么认为。在生活中，这种情况很多，我们总是信心百倍地说出自己的观点，并希望他人能够认可自己的观点，其实受到自身阅历或经历不同的影响，对观点的认知程度也会有所不同。

诉诸人身谬误

诉诸人身谬误是一种十分常见的推理错误，也被人们称作"门槛很低"的谬误。这种谬误会将提出并断言的主体特征和断言的特征相混淆。其中，诉诸人身的意思是"针对个人"，用我们经常说的话讲，就是"对人不对事"。

因为诉诸人身使用的门槛低，所以用起来也是十分方便的，也很容易博得无数群众的喝彩与赞扬，所以，它几乎是最常见的逻辑谬误。既然它很常见，那么我们就要仔细分析了，无论是我们运用了这种逻辑谬误误导了别人，还是自己被他人误导，都要多学习关于诉诸人身谬误的知识。

诉诸人身谬误可以被分为三种，分别是人身攻击型诉诸人身、自相矛盾型诉诸人身和因人废言型诉诸人身。

1. 人身攻击型诉诸人身。

人身攻击型诉诸人身是对某个人产生偏见，带到了他的观点上，在生活中也是比较常见的。比如小张为人不佳，因此他的观点就不正确。这就是典型的人身攻击型谬误，看到一个人的某个缺点，从而断定与此缺点无关的观点不可靠或者不正确，这显然是不正确的。毕竟，一个人身上的缺点，并不等同于这个人的观点、建议或理论。我们不能说一个作家因为有抽烟的坏习惯，而断定他的书写得不好；不能因为一个音乐家跳舞不好，而说他缺乏音乐天赋。

2. 自相矛盾型诉诸人身。

自相矛盾型多指的是一个人提出的观点和结论是相互矛盾的。我们最为常见，也是最典型的，就比如"矛盾"这个词语的故事。

古时候，一个卖矛和盾的商人说："我的矛是最锋利的，能刺穿一切的盾。"在卖盾的时候，又说道："我的盾是最坚实的，能抵挡所有的矛。"

很显然，他的这两句话是相互矛盾的。我们不能判断出这个商人的哪句话是错误的，哪句话是正确的。在现实生活中，某个人的观点如果与行为不相符，我们并不能直接去否定他的观点，也并不代表他的观点是错误的。比如，小王说为人要大方，做事情一定要认真，但是小王与同事相处时十分吝啬，工作也不认真，虽然小王的实际行动与他的观点是自相矛盾的，但是我们不能因为这样而判断小王的观点是错误的。

3. 因人废言型诉诸人身。

因人废言型指的是单纯依靠某个人的工作、地位等因素而否定此人的观点。比如"我们没有必要去认可小陈说的商业保险的价值，因为小陈本人就是一家保险公司的销售员"。这个例子中，显然因为小陈的工作性质，而否定了他的观点，这显然是盲目的。在现实生活中，这种例子很普遍，我们也经常会因为某个人的职业，而否定或认可他的观点。

小庞是一家公司的销售经理，他对客户说道："我们公司的产品质量很好，老客户的反馈也不错，并且比其他公司的同类产品质量好很多。"

客户听了说道："你本身就是这个公司的员工，你肯定会说你们公司的产品好，实际上你们公司的产品也并不一定好。"

其实，这位客户就是犯了因人废言型谬误，他是从小庞的职业出发，来断定其言论的，因此这种判断是十分不合理的。

张彩彩对王晓鹏说道："现在喊着生男生女都一样，但是老人还是喜欢男孩，不然怎么很多家庭第一胎生了女儿，还会想要第二胎，如果第一胎生了儿子，就不要第二胎了。"

王晓鹏说道："是不是你婆婆催着你生二胎了，你第一胎生的女儿？"

张彩彩说道："这可不是我说的，这是今天我听周教授说的。"

王晓鹏说道："那个周教授肯定是有女儿，没儿子，不然怎么说出这样的结论。"

张彩彩说道："他是有女儿，但是他的这个观点也未必不靠谱，现在多少老人还在期盼要孙子呢。"

王晓鹏说道："听说那个周教授为人不好，人品也很差，他的观点不可信。"

显然，张彩彩的观点是没有得到王晓鹏的认可，而王晓鹏之所以不认可她的观点是认为周教授"人品"不好，所以觉得他的观点也就不可靠了。王晓鹏的这种观点其实就是犯了诉诸人身谬误。

在生活中，大家使用或者提防别人使用诉诸人身谬误时，一定要注意以下几点：

1. 诉诸人身谬误也有例外情况，我们要多去考虑。

当一个人论证的结论，与此人的既往行为直接相关时，诉诸人身不构成谬误。比如，小钱之前被举报虐待自己女儿，所以她不是合格的母亲，同时也不应该担任幼儿园老师；小周因为钱财做了伪证，所以法官不会将他的证言当作证据；齐老师经常体罚同学，很多家长对他有意见，他带的班级成绩也不优秀，所以他不应该当选"最优秀教师"。这些诉诸人身特征或处境的言行论证，都是合理的、实际存在的，因此这样的诉诸人身并不是逻辑的谬误。

2. 先判断含义，再判断真假。

我们生活在社会中，经常会与他人进行沟通，不可避免的是人与人沟通中产生的信息误差，也就是说，人与人的沟通要实现100%无损信息传递是不可能的。当我们听完别人的观点或者是言论，要做的第一件事并不是去判断对方说的是否正确，而是要先去理解对方的话语是什么意思，对方究竟要表达什么。就像是我们与外国人交流，我们要先明白对方所说的是什么意思，才能知道对方说的正确与否。

3. 要去区别相不相信和应不应该相信的问题。

人们在听到某个观点之后，是决定相信这个观点，还是不相信这个观点，其影响因素很多。比如一个人的情感变化、利益变化、人际关系的变化，等等，这些因素都会影响我们是否要相信对方的观点。此时，我们需要找到足够多的证据证明对方的论点，而寻找论据的能力关乎我们的判断是否正确。

在生活中，我们经常会借助某个人的职业或身份去判断一个人的观点是否正确，但是我们不得不承认，这些判断依据并不是正确的。我们需要进行合理的逻辑分析，针对论点本身，找到合理的论据，从而去证明论点的真伪性。

民主谬误

民主谬误其实很好理解，就是指如果大部分人认为某个观点是正确的，那么我们就认为这个观点或结论是正确的。在生活中，大多数人对某个事物的定位或者认定，这并不一定代表观点是正确的，当然也有正确的，这就需要我们去分辨哪些"大众观点"是正确的，哪些"大众观点"属于民主谬误。

从情感方面来讲，民主谬误的力量很大，在互联网时代，信息传播速度很快，尤其是对于一些影响力很大的观点和文章，很多时候需要我们认真地思考，不被他人的观点影响。还有一些过往的事情，如果分不清正误，那很容易产生错误的认知。因此，在面对一些流行的观点时，我们一定要有自己的认知，不要被大众所谓的"正确观点"影响。

一个有主见的人，并不意味着反对其他人的观点或思想，而是要有自己的思想或者观点，能够对自己的思想有清楚的认知。同样，一个人的观点是否正确，需要我们有足够的知识储备和阅历，拓宽了知识面，我们才能有正确的认知。

在中世纪的时候，大多数人认为地面是平的，因此，人们认为地球是平的。其实，这就是一个典型的民主谬误。民主谬误的危害性在于很少有人能够站在论点的对立面去进行思考，因为人本能地追求社会的认同，就会"委屈"自己，屈从于大多数人的观点。然而，我们通过观察社会就会发现，社会的进步往往就是从打破民主谬误开始的。因此，我们要相信自己，只要有足够证据证明自己观点的正确性，那么我们就要大胆地提出自己的观点，而不是屈从于某个人的观点或者某个群体的观点。

在工作或者生活中，我们经常会遇到这样的事情，因为受到团体大多数人观点的影响，我们很容易迷失自我，丢弃原本正确的思想，其实，我们要像小乔一样，一旦认为自己观点是正确的，就要坚持到底，不要因为大多数人错误的观点而质疑自己观点的正确性，更不要因为对方的观点而改变自己的论点。

在生活中，导致民主谬误出现的原因有很多，我们容易受到这种逻辑谬误的影响，主要是因为以下几方面。

1. 我们看到的不是论点本身，而是过多关注提出论点的人或团体。

一个人说"月亮是弯的"我们可能会不信，两个人说"月亮是弯的"我们也可能不信，但是一群科学家说"月亮是弯的"，然后我们身边所有的人都说"月亮是弯的"，那么，我们很容易改变自己的观点，认为"月亮就是弯的"。由此可见，我们不是没有自己的观点，也不是不懂得去找到正确的论点，而是我们习惯性地受到周围人思想的影响，从而放弃了自己的论断。

2. 受到从众心理的影响。

当一个观点在社会上流行，很多人趋之若鹜地认同一个错误的观点时，并不是这些人没有自己的思想，而是他们习惯性地跟随别人的思想去思考事情。比如，人们都说喝隔夜茶不好，所以我们会将隔夜茶倒掉，即便前一天刚喝了一次的茶，只要过了一个晚上，我们就会毫不客气地倒掉。直到有一天，我们周边的人开始说"喝隔夜茶没有害处"时，我们也会跟随大众的脚步，继续喝前一天的茶水。至于"喝隔夜茶是否有害"，我们从来没有去仔细思考过，更没有进行专业的研究。

在现实生活中，每个人都希望自己的思想是正确的，行为是正确的，于是为了避免自己犯错、出丑，很多人会选择听从别人的意见，参照周围多数人的想法和做法，认为这样做自己便不会出错，其实，这样做不但会磨灭一个人的个性思维，还很容易陷入民主谬误的圈套。一个善于逻辑思维的人，他们会参考周围人的观点和建议，但是不会毫无根据地去轻信对方的观点，因为他们知道，只有在论据面前，才能确认观点的正确与否。

因果谬误

在社会生活中,我们每个人都处在因果关系中,因果关系是人类认识世界的基本工具,判定因果关系的能力直接影响每个人、每个群体的发展。柏拉图说:"每一生成或被创造的事情必然是由于某种原因而造成的。"这句话充分体现了古人对因果关系的认知。

在大千世界中,每个人种下怎样的因就会发生怎样的果。在生活中,我们要善于观察,只有善于观察才能发现因果关系表现出来的现象,才能更容易了解事物的真相和本源。

因果谬误指的是各种没有充分证据便轻率断定因果关系的不当推论。有因必有果,原本是唯物主义的一种正确论断,但是判定因果关系时,如不谨慎,便会形成因果谬误。因果谬误有很多种,下面我们不妨进行一一分析。

1. 假因谬误。

这种谬误指的是在没有足够证据的情况下所做的归因。比如"你爸妈给你起名叫'丰收',他们肯定是农民"。当然,这个推断也许正确,但是仅仅靠一个名字就断定对方父母的职业,这显然是草率的。因此,这就犯了假因谬误。

小明的父亲曾因为盗窃罪被抓判刑。一天,小明的同班同学说自己的新文具盒丢了,他说是小明偷的,老师问他是否看到了小明偷文具盒。他说道:"小明的爸爸是小偷,我的文具盒丢了,那肯定就是小明拿的。"

显然,这个孩子的论断是草率的,不能因为小明的父亲是小偷,就断定小明是小偷,更不能断定小明偷了他的文具盒。

2. 后此谬误。

因为 A 事件在 B 事件之后发生,便将 B 事件当作 A 事件的原因。即用一件事情发生来证明另一件事情发生的原因,这就犯了后此谬误。

> 小娟说:"我昨夜做了个噩梦,早上起来又听到乌鸦叫。今天骑自行车出门,我就摔倒了,然后去赶集手机也被偷了,我就知道夜里的噩梦和乌鸦叫就表明今天我要倒霉。"

从理论上讲,夜里做噩梦没休息好,可能会导致白天精神恍惚、骑自行车摔倒,但是"倒霉"一说并没有科学的依据,在逻辑上更合理的假设应该是这些事情并不会导致小娟"倒霉"。她那天可能真的遇到了很多糟糕的事情,但是不能假设是做噩梦、乌鸦叫造成的,这就是后此谬误。

3. 相关性谬误。

相关性谬误指的是与其相关的两个同时发生的事情解释为具有因果关系。也许两件事情本身不存在因果关系的情况,这个时候恰好同时发生,或者可能有第三个因素导致两件事情发生。比如,小美每次去游泳都会戴上她喜欢的束发带,每次她戴上喜欢的束发带就会让她产生游泳的欲望,这就是一个典型的相关谬误。原本游泳和戴束发带毫无因果关系,但是进行这种关联，就是相关性谬误。

在生活中，我们要尽量避免发生因果谬误，否则很容易让我们的判断出现失误，也会影响我们的工作和生活。

预设谬误

在生活中，我们经常会听到一些人说"假如""如果"，这些人在做事情之前，习惯性地进行假设，也就是进行预设。而假设是需要前提条件的，当这些人没有注意到前提条件的正确性和合理性的时候，也就是说"前提就是错误的"，这种时候就中了预设谬误的圈套。

我们在假设的时候，推理前提中经常会出现三种问题：

第一种，偶然谬误。这是指将总体上为真的概括完全用于某个特例，从而忽略了特例的偶然性特点。这种谬误中，过于强大的概括、总结性的假定，会给人造成一种"事物没有特殊性"的错觉。比如"跑步对膝盖的损害是十分严重的，跑步的人，膝盖都有损伤"，可想而知，跑步的确会对人的膝盖产生不良影响，但是跑步的人不一定膝盖会有损伤，这就是利用了概论去进行具体评判产生的错误论点。

通过了解偶然谬误，我们可以知道一点，几乎任何规则和普遍原理都有例外，需要我们注意的是当由于这种谬误产生一些歧视或者是偏见的时候，往往会产生比较大的伤害性。

第二种，复杂问语。

我们经常会听到一个成语"笑里藏刀"，而这种预设就属于"笑里藏刀"。因为它会以一种问题的形式出现，并且不会让我们急于回答，所以往往不管我们怎么回答，感觉都是不对的，这种类型的谬误会将错误的前提隐藏在问题中，我们也叫它复杂问语谬误。

> 在一家公司的会议室，大家正在讨论一个问题，这个问题是由产品部门经理提出来的："我们应该将新产品的上市时间推迟一个月还是两个月？"
>
> 人们开始讨论："推迟产品上市时间长短对销量的影响。"而没有人讨论："是否有必要推迟新产品上市时间？"

上面这个例子中，产品经理提出的问题就属于一个隐含假设，在这个问题中隐藏着一个或者多个问题，比如在法律中，有一种行为被称为"否定孕蓄"，指的就是否定指控中的一些性质和数量，而不去否定指控本身。

第三种，乞题。

乞题可以被简单地理解成循环论证，一种预设了结论为真的不当论证方式。有人可能认为不会有人犯这么明显的谬误，但是生活中，这样的谬误也不少见。当我们听到某个乞题谬误时，总会感觉哪里不正确，但是无力反驳。因为单纯从技术上去讲，乞题谬误是有效的论证，即前提为真，结论一定也为真。乞题预设了结论的正确性，形式类似于"若甲则甲"，从本质上是重言式的。

在生活中，当我们面对预设谬误时，我们在大部分情况下只需要指出其中无效前提和无效论据即可，比如针对偶然谬误，我们只需要给出一个反面案例就可以推翻这种论断。当我们面对复杂问语谬误时，首先需要清晰地拆解这种谬误背后的逻辑，并指出前提和结论的同一性，进而指出虽然推理是有效的，但本质上是没有意义的。

小飞与小舟是多年好友，他们五年没见面，见面之后小飞问道："你不打老婆了吧？"

小舟笑着反问道："你老婆不再打你了吧？"

两个人哄然大笑，虽然看似是笑话，但是从小飞的问话中，可以看出"小舟之前打老婆""小舟现在不知道打不打老婆"这两个问题。而小舟的问题反映出两个问题"之前小飞被老婆打过""不知道现在小飞是不是还被老婆打"。

在生活中，这种预设谬误也常有，我们只有认真观察和聆听，才能避免陷入预设谬误的陷阱。当然，一些逻辑思维能力差的人，就很难识别出预设谬误。因此，提高自己的逻辑思维能力是十分重要的。

稻草人谬误

稻草人谬误又被称作假想敌谬误，它是一种错误的论证方式，在论辩的过程中，有意或无意地歪曲理解对方的立场，从而达到更容易攻击对方的目的。

在生活中，存在着很多稻草人谬误。如果你觉得自己没有遇到过，那可能说明你并没有意识到自己正在经历着稻草人谬误的攻击。我们不妨看看下面的这个例子：

一个女孩说："我想减肥了，因为肥胖会影响身体健康。"

一个男孩听了女孩的话后，说道："你的意思是说胖子身体都不好。"

其实，男孩的话就是我们最常见的稻草人谬误，也就是大家经常说的"故意挑刺"，有些人在听到他人观点之后，习惯性地进行"挑刺"，似乎不找出点"毛病"就觉得浑身不自在。而这样的人说出的话多半带有攻击性，我们经常会将这些人称作"挑刺狂魔"。

稻草人谬误往往是先歪曲其他人的观点，然后再进行攻击。因此，我们的言论受到攻击之后，一定要先分析对方是否犯了稻草人谬误。

随着进入互联网时代，在社会舆论中，稻草人谬误是经常会被故意使用的一种策略。通过这种逻辑谬误能够实现对自己更有利或更不利的主张，替换掉对手的原有主张，随后，再围绕新的主张构建整个论证过程，其手段相当高明。而整个实现过程需要借助一定的手段，主要的手段有偷换概念、歪曲原意、以偏概全等。

在生活中，一旦我们遇到了稻草人谬误，我们该如何保护自己或者保护自己的观点呢？这就需要我们找到稻草人谬误的漏洞。经过分析可以发现，稻草人谬误的漏洞在于"偷换概念"，这是它最容易出现的漏洞。那么，稻草人谬误为什么要偷换概念呢？

它之所以要偷换概念，是因为原始命题或观点不容易被攻击，这点是很好理解的。就如同两个人打架，一个人身强力壮，力气巨大，而另一个人十分瘦弱，瘦弱的人要想打赢身强力壮者，必须找到对方的弱点，只有找到对方身上的弱点才有利于自己。因此，当有人对我们使用稻草人谬误的时候，我们要做的就是牢牢抓住原始概念，不断对原始概念进行清晰的定义，并保持思路清晰，不要被对方错误的逻辑所误导，在对方信心百倍表达自己的观点时，我们能够一针见血地指出原始概念与"稻草人"的不同之处，这就能够让对方的错误逻辑自动显露在世人面前。

如果我们还不能彻底理解稻草人谬误，我们不妨通过下面这个例子来进行分析：

小钱和小宇因为工作上的事情发生了争吵。起因是这样的，小钱是总经理秘书，小宇是总经理司机。中午大家坐在一起吃饭，大家开始讨论总经理的个人爱好。

小宇说："小钱是总经理秘书，她应该最了解总经理的喜好。"

小钱说道："你的意思是我是总经理最亲密的人？"

小宇说道："我没有这样说，我只是说你最了解总经理爱好什么、喜欢什么。"

"只有总经理最亲密的人才最了解他，我既不是他爱人，又不是他情人，怎么知道总经理爱好什么、喜欢什么？"小钱生气地说道。

其实，通过分析，我们可以看到小宇的意思是小钱作为总经理秘书会经常与总经理接触，所以会对总经理了解多一些。而小钱却偷换了概念，认为小宇有"侮辱"自己的意思。

在走廊里，一对小情侣在吵架，只听女孩说："你都是有女朋友的人了，你要与异性保持距离。"

男孩生气地嚷道："那还不能和陌生人说话了吗？"

女孩："我又没有不让你和陌生人说话。"

男孩："那你生什么气，我不就和陌生女孩说了几句话吗？看你这架势，似乎跟我出轨了似的。"

女孩听了更加生气了。

其实，女孩是希望男孩不要跟其他异性走得太近，而男孩认为女孩不让他跟陌生人说话。这就是典型的稻草人谬误。

在生活中，我们经常会说某些人"无理取闹"，而这些所谓的"无理"很多时候是说话本人觉得"自己有理"，如果仔细分析，我们会发现说话本人已经陷入稻草人谬误中。

滑坡谬误

我们是如何获得靠谱的结论的？其中最重要的环节就是寻找合理的论据，从而论证结论的正确性。如果我们在无法寻找到可靠的依据的时候，便进行随意假设，那么很容易掉入滑坡谬误的陷阱。

什么是滑坡谬误？它指的是在生活中，我们使用连串的因果推论的过程中，夸大每个环节的因果效果，从而导致不合理结论的产生。对于推断的过程来讲，我们进行推断的每个过程，都不能忽略问题的不同可能性的存在，如果忽略不同可能性的存在，就势必会形成一个毫无关联的结果，这就是我们所说的滑坡谬误。

如果你还不能清楚什么是滑坡谬误，那么不妨这样来理解"如果会发生 A，就会引发 B，还会导致 C 发生，最后甚至引起 E 的发生"。而一般情况下，A 的发生是不会导致 E 发生的，而滑坡谬误会让结果出现跳跃性，跳跃性与不合理性是共存的。比如张红艳说："一个人杀了一只鸭，又杀了一头猪，又杀了一头牛，那么紧接着他就该杀人了，所以这个人不应该杀那只鸭子。"这就是典型的滑坡谬误，其实这个人杀鸭子和杀人毫无关系，杀鸭子也不能推论出会杀人。

在生活中，滑坡谬误的情况并不少见，我们要避免陷入滑坡谬误，就应该了解清楚滑坡谬论有哪些形式。

形式一：不合理地扩大某个事物的影响面。

"如果在班级有一个学生感冒了，那就会引起所有班级的学生感冒。"显然，这句话看似有其合理性，但经不起推敲，也毫无根据。虽然对事情发生的原因进行了分析，但是推论不出结果，这其实是扩大了"一个学生感冒"的影响，从而得出毫无可能性的结果。

> 小沈走进部门经理的办公室，对经理说："经理，为什么我没有住房补贴？"
>
> 经理说道："住房补贴是给工作三年以上员工的福利，你来公司工作还不足三年。"
>
> 小沈说道："我是工作还没有三年，但是三年以上的人都离职了，我在公司算是最老的员工了，如果不给我住房补贴，新员工也会离职，因为对待老员工的待遇条件太苛刻。"
>
> 可想而知，小沈的要求是过分的，他的理由也是不成立的，他的回答便是典型的滑坡谬误。

形式二：多个因果关系串联，但起因与最终结果之间并不存在直接关系。例：贪玩导致上课迟到，上课迟到导致没有遵守课堂纪律，没有遵守课堂纪律影响了学习，学习受到影响导致长大只能扫大街。

既然生活中，滑坡谬误并不少见，那么我们要如何避免陷入这种逻辑错误的"圈套"呢？

1. 遵从事实进行假设。

我们在进行假设之前，一定要遵从事实，寻找到靠谱的依据，那么假设才会有意义。而一旦我们找到了合理的依据，假设才会成立。

2. 原因要有力度。

滑坡谬误的关键点是每个"坡"的力度不同。就是从事情 A 到 E，每个阶段的发展程度不同。我们不妨通过下面的例子进行分析——

> 小王将香蕉皮扔到地上，一位老爷爷走过来，不慎踩到香蕉皮，老爷爷滑倒在地，从此之后，人们再也不敢从这条路上经过了。

老爷爷踩到小王扔的香蕉皮摔倒在地，这是合理的假设或描述，但是不能因为老爷爷滑倒就推论出人们不敢从这条路经过了，"人们再也不敢从这条路经过"的推断便是"力度过大"了。因为，从老爷爷不小心摔倒，并不能直接导致"人们再也不敢从这条路经过"这个结果。

> 某商家在网上推出了一款洗衣机，销售量很高，评论区的评论也全部是好评。小齐也在这家网店买了一台洗衣机，但是小齐收到洗衣机之后，发现洗衣机外表有损坏。小齐联系客服，希望能进行调换。商家却拒绝调换，理由是"外表损坏属于正常现象，并不属于产品质量问题。如果给小齐调换了，其他客户如果知道了也会要求调换，以后即便没有什么问题，也可能会要求调换"。
>
> 最后，商家拒绝了小齐调换产品的要求，小齐十分生气，便给了差评，并向电商平台进行了投诉。

通过这个例子不难看出，商家拒绝调换的理由是十分牵强的，从逻辑学的角度进行分析，售后人员的理由是典型的滑坡谬误。因为即便给小齐进行产品调换，只要产品没有普遍的质量问题，其他客户就没有调换产品的诉求。

　　思维逻辑的错误在生活中并不少见，对于滑坡谬误，主要是因为人们没有掌握真实的推断依据，而毫无根据的假设往往是不靠谱的。我们要避免掉入滑坡谬误的陷阱，同时也要避免自己的思想"滑坡"。

诉诸情感谬误

在生活中，人们面对不同的事情会有不同的情感表现，比如我们遇到开心的事情会觉得高兴，遇到不开心的事情会觉得生气。生活中的经历与人心的相互作用下，所产生的感受就是我们说的情感。

情感的重要作用主要表现在四个方面。第一，情感被称作人类适应生存的一种心理工具；第二，情感能够激发我们的心理活动和行为的动机；第三，情感又是我们心理活动的组织者；第四，情感是人际交流的重要手段。

我们之所以要说情感，自然是要讲到今天的主题"诉诸情感谬误"。在生活中，情感会导致很多谬误，而诉诸情感谬误就是人们借助情感产生的一种谬误。比如"不转发这条信息就不是中国人""我打你是因为我爱你"，等等。

在生活中，这种诉诸情感谬误是十分常见的。比如很多电商会节假日搞促销，从而形成了"双十一""双十二"这样的"购物节"。在双十一的时候，小赵在不停地浏览着某电商平台上的商品，此时，小路问他为什么要在这个时候买东西，他说道："双十一，大家都在网购，我周围的人也在网购，我不买点什么，我会感觉亏了。"仔细分析，其实，这也是属于一种"诉诸情感谬误"。

因为情感包括很多种，所以，诉诸情感的种类也很多。例如诉诸愤怒的谬误，即将愤怒的情绪当作产生愤怒的理由，这显然是将情绪当作了证据，要知道愤怒的情绪只能是一种表达，我们愤怒的时候，需要做的是知道为什么愤怒，而不是无限地去扩大愤怒的情感。

诉诸愤怒的谬误往往有以下两个方面的表现：第一，实际中，并没有理由去愤怒，但误以为已经掌握了愤怒的理由。我们很容易将愤怒的情绪当作引起愤怒的理由。第二，因为某件事情产生愤怒会影响我们对另一件无关事件的评价，比如某个人做了一件让我们十分恼火的事情，我们虽然很生气，但是也不能低估这个人的其他方面，也不能以此为理由低估对方。

小袁与小郑因为工作发生了争执，小袁说小郑不专业，做的方案也不专业，这样的方案会影响公司的工程进度。小郑听后十分生气，小郑认为小袁专业能力不够，做事情喜欢推卸责任。虽然是因为工作的事情，两人发生的争吵，但是小郑对小袁这个人的整体印象十分差。

恰巧，这天小袁请假了，听闻小袁去了公安局，小郑在得知这个消息之后，便对周围的同事说道："他在工作中都这么圆滑，这次肯定是做了违法的事情。"

其实，小郑对小袁的这种表现，就是典型的诉诸愤怒谬误。因为在工作中，小郑与小袁出现分歧，导致小郑十分气愤，而小郑却将气愤的情感转移到小袁去公安局的事情上，断言小袁做了"违法"的事情了，原本两件事情是毫无关系的。

除了诉诸愤怒的谬误，还有一种诉诸负疚感的谬误，这种谬误也是常见的。一个人对某件事情、某个人产生负疚感，这种感受也会对思维起到干扰作用。比如，好朋友对小丽说："你怎么不邀请小柏参加你的生日宴呢？他如果生日，肯定会邀请你，你不邀请他，他知道了肯定会十分伤心的。"这里的评论就是要引起小丽的愧疚感，从而让小丽付出某种行动或者进行某种决策，这是众所周知的逻辑谬误。

> 晓晴的儿子十分调皮，在学校学习成绩也不好，晓晴便给儿子报了各种补习班，儿子不想去上补习班，晓晴对儿子说："你知道妈妈多辛苦吗？妈妈花这么多钱让你去上补习班是为了什么，不就都是为了你好吗？"

虽然晓晴的目的是好的，但是这种说话方式其实就是诉诸负疚感的一种表达方式，晓晴这样说是希望通过负疚感，改变儿子的学习行为。而晓晴的儿子应不应该去补习班，并不应该由因为妈妈有多辛苦来决定的，而应该是自己真正是否需要，是否真正对自己有所帮助来考虑。

除此之外，诉诸情感还有很多类别，比如"诉诸潮流""诉诸虚荣"等。"这部电影很火，你应该去看看。"……这就是典型的诉诸潮流的谬误；"买了这款豪车，你就拥有了比别人更高贵的待遇。"……这就是诉诸虚荣的谬误。

在生活中，我们经常会因为自己的情感而做出一些不合理的行为，可能很少有人去思索，我们这些不合理行为受到了哪些因素的影响。其实，我们的情绪影响了我们的思维方式，思维方式的改变自然会带动行为的变化。

合成谬误

美国著名经济学家保罗·萨缪尔森提出了合成谬误，主要是用来解释经济学的一些现象。指的是从局部来看是正确的，便说它对总体而言也必然是对的，显然这是一种思维谬误。以经济学为例子，很多理论在微观上来讲是正确的，但是从宏观上来看则不一定是正确的，甚至可能是错误的。反之，从宏观上来看是正确的，但放到微观上就极可能是错误的。在生活中，这样的例子也不少见。

在一个贫困的山村里，一对父母教育孩子一定要认真学习，孩子也很努力，最终，孩子凭借优异的成绩考上了大学，大学毕业后创业，成为一名成功的企业家。但是即使家家父母都这样教育孩子，让孩子认真学习，并不是家家孩子都能考上大学，以及大学毕业后成为成功的企业家。

看了上面的例子，我们便很容易理解合成谬误了，对于个别家庭来讲，孩子努力后考上好大学，孩子经过自己的拼搏成为企业家，这并不代表所有的孩子都可以通过这个路径，实现同样的目标。

为什么会形成合成谬误？因为人们如果在经济学中出现缺乏创造性和缺乏开拓性的表现，就会造成重复生产、资源浪费、供求单一的结果。但对于市场自我调节来讲，合成谬误平衡着供求和价格的关系。

张天志作为村里的村支书,他一直希望能够带领村民致富。这年,他种了几亩地的药材,没想到药材丰收,售价也高,一年他就多赚了1万元。于是,他想如果全村人都种植药材,大家就能致富。第二年,他便鼓励村民一起种植药材。

到了药材收获的季节,家家户户药材都丰收了,也正是因为如此,全国各地种植药材的数量增加,并且丰收,药材价格比往年低很多,这就导致最后每个农民的实际收入相对减少了。从局部来讲,收入和丰收成正比是正确的,但是推广到总体就不一定正确了。

合成谬误,表现出来的是从局部看上去是合理的、正确的、高效的,但是将一个个局部加起来,却会形成一个个谬误。萨缪尔森举了一个更为生动的例子,他让我们想象一下,在一个非常简陋、破旧的露天影院里,大家可以坐在地上看电影,但是坐在后面的人觉得看不清楚,为了看得清楚一些,他们会站起来。这些人站起来之后,原本坐在更后面的人只能站起来,否则就看不到电影了,结果大家都站起来了,站起来以后还是看不清楚电影,成本增加了,福利却没有相应增加。聪明的人也会想一些办法,站着不行他们就踮起脚,结果全场的人都会踮着脚看电影,整体观众的福利便又下降了。按照这样的方式循环,整体福利都会下降,个人成本在不断地上升。

因为合成谬误最早是针对经济学现象提出的,那么,我们有必要来了解一下现实中企业为什么会陷入合成谬误。对企业来讲,主要是因为对市场的总供给缺乏科学的预测。换句话说,合成谬误的战略决策之所以会频频出现在企业经营过程中,是因为企业没有充分考虑竞争环境的动态变化,没有进行直观推演。

其实，不仅在经济学领域，在生活的各个领域都存在着这样的合成谬误，我们只有识别出合成谬误，才能避免陷入"福利循环降低"的圈套中。

在一所学校原本是7:50开始一天的课程，老师们为了提升孩子的成绩，认为早起是孩子们大脑最清醒的时候。于是，要求孩子在早上7:20就进入班级，开始朗读。孩子们按照老师的要求去做了，通过半年的时间，这个学校在期中考试中，取得了优异的成绩。其他学校经过分析，也认为应该让孩子早些入学，进行晨读。于是，其他学校要求孩子7:10必须进入班级进行学习。就这样，孩子从原来的7:50进教室学习，到后来的7:10就必须进入班级学习，这增加了孩子的学习时长。最终，所有的学校都让本校学生7:10进入班级，孩子整体学习时长增加了，原本考试成绩第一名的学校，现在仍然是第一名，原本成绩差的学校，现在还是成绩差。

由此可见，合成谬误在生活中也不少见。毕竟，在整个社会中，人们希望用一个局部的规律能够整合整体的现象，让整体得到优化，这种思想看似没有错误，但是要知道，适用于局部的特征或规律，并不一定适用于整体。在现实生活中，只有恰当地整合局部，才能让整体变得更好。

有些人为了贪图简便，就会掉入合成谬误的陷阱。因此，我们的思维要有创造性，就不能贪图"便捷"，要学会着眼全局与把握局部，这样才能找到合适的方法解决整体的问题。

基因谬误

什么是基因谬误？简单来讲，就是通过事物的出身来判断事物的好坏。这种现象在生活中十分常见，陷入基因谬误的人多半是想要试图通过已有的负面印象来从侧面攻击对方，却不能正面地回应对方的论证。显而易见，基因谬误的根据是"印象"，而印象不一定就是事实。

从严格意义上来讲，各种所谓的"标签"，都是存在基因谬误的。很多时候，我们在认知某个事物之前，就会对这个事物有一个大致的感知，从而心中会形成"标签"，而这些"标签"可以作为我们对某个事物认识的参考，但已经见过事物本来面目的，还是用标签去判断这个事物就显得思维不够严谨了。

周小雨在一家科技公司做设计，他到这家公司工作有两年多的时间了，但是工资从来没有涨过。这天他再次去找老板，希望老板能给自己涨工资，毕竟自己在这家公司工作兢兢业业，工作从未出过错。

他找到老板，表达了自己希望涨工资的意愿，老板却说："小周，你工作很认真，我也看到了你的努力，但是你只是大专学历，这在咱们公司是硬伤。"

最终，老板以小周"大专学历"为理由拒绝给他涨工资，这其实就是一种基因谬误。在生活中，我们不仅要避免自己陷入这种基因谬误中，更要避免陷入别人设定的基因谬误中。

基因谬误对我们会产生哪些不利影响呢？

首先，基因谬误产生的基础是"标签"，而标签的形成依靠的可能是感性认知，而非理性分析，这就会让我们产生认知误差。

小微对小贾说："我上周去了新建的公园，一点也不好玩儿，建议你别去。"

听了小微的话，小贾在听说好朋友小李要去新建的公园玩时，说道："新建的公园一点也不好玩儿，所以没必要去。"

其实，小贾的思想受到了小微话语的影响，从而给新建的公园贴上了"消极标签"，小贾没有去过，他只是听小微说那里不好玩儿，所以他才会对小李进行"消极标签"的输出。至于新建成的公园是否有趣，恐怕小贾也不清楚。

其次，基因谬误会固化我们的思维。一个人在做事情之前如果对某件事情就树立了错误的"标签"，可想而知，他在做这件事情的时候是无法全面思考问题的，自然会让我们的思维变得固化，甚至影响我们正确的判断。

威立雅十分后悔，他在招聘公司销售经理的时候，没有选择安娜，因为安娜是法国人，他认为法国人工作不积极，后来，安娜去了竞争对手公司，并为对方企业开拓了大量新客户。正是因为威立雅的基因谬误，导致用人判断失误。

在生活中，我们需要做的不是提前预感某件事的正误、某个人的好坏，而是要在论证中得到真相，不要单纯凭借"标签"去评判一个人或一件事，这是不合理的，也是违背逻辑的。

第五章

逻辑技巧：
练就全方位缜密思维

联想法：让思维更活跃

在这个世界上，不仅生活着人类，还生活着其他的动物和植物，所有的生命体都是息息相关的，没有生命能脱离另外一种生命体的支撑，也没有一种生命体能够单独存活于这个世界上。也正是因为他们之间存在一定的关联性，才要求我们人类的思维更加活跃和积极。

在生活中，存在着一种"虚线思维"。什么是"虚线思维"？就是事物与事物之间存在的联系，依靠这种千丝万缕的联系形成的思维。而我们的联想思维就是"虚线思维"，联想思维指的就是人们在头脑中将一种事物的形象与另一种事物的形象联系起来，从而探索两种事物之前共同的或类似的规律，从而将问题进行解决的思维模式。

不难看出，联想思维与其他的思维类型不同，这种思维利用的是物与物之间的联系进行的思维过程，这就要求事物之间存在关联性，正因为事物之间存在一定的关联性，所以才会让我们的大脑变得十分活跃，由此想到彼，由彼想到此。

一家玩具公司，在看到"克隆羊"多利的例子之后，想到了一条销售之路，他们承诺只要顾客将一张孩子的照片和一份反映孩子特征的表格寄给公司，公司就能够根据照片和信息做出一模一样的玩具娃娃。这就吸引了一些"失独"父母的青睐，一些家庭为了给自己的孩子找个"玩伴"，也会购买这种玩具娃娃，一时之间，公司的生意兴隆起来。

这家公司之所以会有这样的销售思路，无疑是因为他们发挥了联想思维的作用，通过"克隆羊"的事件想到了销售"孪生"玩具的概念。这种针对事物概念发生的联想，可以达到活跃思维的目的。

在古代，医学家华佗无意间看到了一只蜘蛛被马蜂蜇伤了，落在一片绿苔上，只见蜘蛛在绿苔上翻滚了几下，蜇伤部位的肿便消失了。他由此联想就到绿苔具有消肿消毒的作用，便使用绿苔为人治病。通过试验，消肿解毒良药便问世了。

通过这些例子不难看出，联想作为探索未知事物的一种方式，它是一种创造性思维活动。如果没有存在于事物之间的客观联系，联想也就很难发生。如果离开了客观联系，进行的想象只能称之为幻想。所以，要想提高联想能力，让自己的思维变得活跃，就要广泛地参加社会实践，接触和了解事物，发现事物之间的联系性。然后，将实际经验、知识信息储存到大脑中，促使大脑建立信息的连接。这样能够促使大脑调动信息，建立各种各样的联系，从而产生丰富的联想，进行创造性思维活动。

联想是开启人类思路、升华人们思想的催化剂，如果我们缺乏广泛的联想，社会就难以进步，科技也难以得到创新。经过研究证明，人们的联想能力跨度是很大的，对于一个不了解两个事物的人来讲，他们是无法发现两个看似风马牛不相及的事物会存在联系。而对于了解两个事物的人来讲，他们的大脑会将两者有意识地进行拉近，从而实现联系起来的愿望。这种大跨度的联想思维，往往能够造就巨大的创造力。因此，联想对于人们的思路开辟、寻求新方法、谋求新出路是有很大帮助的。

联想被称为打开记忆之门的钥匙。在我们人类的大脑中，储存着大量的信息，它原本可以绰绰有余地应付各种各样的问题，但是随着时间的不断推移，这些信息会渐渐地被人们淡忘，在我们的头脑中，也会出现各种模糊杂乱的问题，甚至我们的记忆也会变得模糊杂乱，自然就很难利用。联想能帮助我们对大脑信息进行挖掘，把事物之间的联系在头脑中再现出来。那么，联想究竟有怎样的特点呢？

1.联想具有连续性。

联想的出现并不是偶然的，也不是碎片化的存在，而是与事物的前因后果具有连续性的。

一个工厂换了新领导，上任领导因为判断失误导致厂子亏损上亿元。新领导上位之后，召集所有员工开会，台下有人递上来一张字条，字条上写着："当厂子亏损的时候，你在干什么？"

新厂长当场宣读了这张字条上的内容，问这是谁写的，台下无人敢承认。于是，新厂长站起来说道："厂子亏损的时候，我就坐在你的位置上呢。"新厂长说完之后，台下响起一阵掌声。

新厂长正是由写字条之人的位置，联想到自己曾经身处的位置，从而说出了这句高情商的话语。

2.联想具有形象性。

联想所抓住的联系点往往是形象的、便于分辨的。联想表现出来的是具体化的，基本的思维操作单元是表象，是一幅幅的画面，因此，联想显得十分生动和有趣。

　　女儿因为没有找到好的工作，心情沮丧，她将这件事情告诉了父亲。

　　父亲将女儿叫到厨房，在一个锅里放上了硬土豆，第二个锅里放上一个鸡蛋，第三个锅里放上咖啡豆。女儿很不解地看着父亲，并且不耐烦地问道："您这是要做什么？"

　　过了一会儿，父亲关火，将三个锅同时端到了女儿面前，他将土豆捞出来，将鸡蛋捞出来，将咖啡倒出来。父亲示意女儿摸一摸土豆和鸡蛋，女儿仍然不解地看着父亲。

　　父亲说道："这三样食物都经历了开水的炖煮。而原本坚硬的土豆变软了，原本有一层保护壳的鸡蛋变硬了，只有咖啡豆散发出香醇的味道，成了浓香四溢的咖啡。"

　　女儿不解地问道："爸爸，您想要说什么？"

　　"女儿，你想要成为哪一种？当身处逆境的时候，你应该如何去面对？你是一蹶不振，承认自己是软弱的土豆，还是拒绝合作和抗拒成为坚硬的鸡蛋，还是融入生活，成为香醇的咖啡？"父亲说道。

　　女儿瞬间明白了父亲的良苦用心。

3. 联想具有概括性。

　　我们培养和训练联想能力，一般会采用"概念联想法"，这种方法能够让我们将客观事物之间常见的关系进行总结概括。

　　在生活中，我们可以有意识地对自己的联想能力进行锻炼，从而让自己的大脑变得更加活跃。比如，参与讨论与辩论，思想在辩论中能够进行升华。当然，要锻炼自己的联想能力，还需要我们敢于质疑，包括权威结论和个人结论，如果逻辑上明显解释不通，自然就无法进行联想了。

内省法：查漏补缺的好方法

内省是自省吗？如果从心理学角度来讲，内省法是构造主义学派的主要研究手法，通常需要将被测试者的心理活动用报告的形式表现出来，然后通过分析报告资料得出某种心理学结论。如果我们换个角度，从逻辑思维角度来讲，就是通过对自我行为或意识的反思，查漏补缺，从而完善自己的思维，让思维更加缜密。因为内省法是心理学研究的一种方法，所以它对研究人的心理有重要的辅助作用。

从思维角度来分析，内省要求我们积极主动地去观察、审视、反省自己内心。懂得内省会对我们个体的自我发展、学业、工作甚至人际交往产生重要的积极作用。因此，我们要积极主动地去实现内省，提高我们的全面思维能力。

每个人的思维方式都是不一样的，人与人之间最大的差异就是认知的差异，我们的思维方式决定了思考问题的深度与方法，甚至决定我们对事物认识的正确性。在日常的工作和生活中，我们是以什么样的思维方式在思考、在行动，决定了事物最终所呈现的结果和状态，同样地，我们进行及时的内省，能够最大限度地避免自己犯错，避免踏进思维的迷宫。

儿时的司马光是一个贪玩贪睡的孩子，每天早起都不想起床，即便因为赖床上学迟到，被先生责罚、被同学嘲笑，但是他还是会出现赖床的行为。后来，在教书先生谆谆教诲下，他彻底意识到自己的缺点，决定改掉贪睡的毛病。

为了能够早早起床，他睡觉前会喝很多水，这样早起就会因为想要上厕所而起床。不仅如此，司马光还用圆木头做了一个警枕，早上只要自己一翻身，头就会落到床板上，自然自己就会被惊醒，从此他天天早起，再也没有迟到过，终于成了一个学识渊博的史学家。

司马光通过内省意识到自身的缺点，从而通过一系列的措施，让自己建立起早起的习惯。而这种内省是在自身行为上，下面这个案例则是对思维方式的一种内省。

一家服装店已经好多天没客人了，老板很着急，销售员也很无奈。这天终于有一对年轻夫妇走进了服装店，销售员热情地上前去招呼。但是夫妇二人并没有表现出太大的兴趣，在转了几圈后，决定要离开这家商店。

这一切都被服装店老板看在眼里，服装店老板发现，原本夫妇二人还是兴致勃勃的，但是看了一圈衣服就没有了购买欲望。他发现夫妇中的女士翻看了几下挤得满满当当的衣服，最终，连试穿的欲望也没有了。

老板心想可能是因为自己的货架和展示架的衣服太多，他本想多挂几个款式的衣服，这样客人能有更多挑选的机会，因为衣服款式太多，拥挤在一起，导致客人失去了购物的欲望。经过再三思考，服装店老板让销售员将衣服重新摆陈列，将最新款单独挂在橱窗里，货架上的衣服也只保留经典款式。

过了一个月，服装店里的生意慢慢好起来，顾客也越来越多。

服装店老板的内省是对顾客的心理进行了分析，从而完善了自己的思维，这就使得人们打开了思路。很多时候，我们需要对自我思维进行内省，在整个内省过程中，我们抓住的不仅仅是事物本身的反应，更多的是对事物呈现出的结果进行分析。

那么，在生活中，对思维形式进行内省，对我们有何益处呢？

1. 优化行为，从而优化结果。

当我们的思维更加全面，做事情的时候，思路更加清晰时，自然会影响到我们的行为，从而促使我们做事情的结果更加符合自己的预估。比如，我们内省后发现自己做事情不够理性，在遇到同样问题，出现急躁情绪时，我们会劝导自己理性地对待眼前的一切，从而避免因为冲动而做出过分之举。

销售部的全体成员接到公司的命令，要求在一个月的时间内，将现有的所有货物都销售出去，因为公司要回笼资金。销售部经理按照成员的能力，将销售部分成了三组，每个组的任务量是一样的。

经过一个星期的销售发现，销售业绩并不好，原来在每个小组中，都有一个销售能力强的人，而其他两个人都是销售能力相对较弱的，这样一来，销售能力弱的人会产生"依赖"心理，将希望寄托在销售能力强的人身上，而销售能力强的人则觉得很不公平，自己销售得多，其他队员销售得少，最终自己分到的团队奖金与其他人是一样的，自然也就丧失了销售的动力，

销售部经理在反思之后，决定打乱小组制，以个人为主体，销售业绩好的人获得多的奖励，销售少的人自然只能获得少量的奖励。

2. 内省的过程是一个避免犯错的过程。

在生活中，犯错是在所难免的，但是没有一个人希望犯错。因此，对自我思维和行为的内省，就是一种避免发生错误的方法。当然，这个方法也是最直接和有效的。

一只兔子因为太懒，将自己窝边的草吃得一干二净，这天它又饿了，打算出来找吃的，在它即将出洞的一瞬间，它意识到大野狼就躲在洞口。此时，它意识到了危险，明白自己的洞穴已经暴露。

忍受饥饿的痛苦，它在洞里待了两天。大野狼看到洞口没有了草，连着两天没有兔子出没，便认为这是一个废弃的兔子洞，便走了。

兔子汲取这次的经验教训，它在以后的觅食过程中，无论多么饥饿，都不再吃窝边草。

动物如此，人亦如此。内省的过程其实是一个自我认知的过程，很多时候，我们对自己的认知不足，也就是说我们根本不了解自己。在自己不了解自己的前提下，我们急于去了解别人，甚至去分析别人，得到的结果自然是不合理的。因此，用内省法对自我进行剖析，了解自己的行为习惯和思维方式，发现自己思维中的缺陷，找到弥补缺陷的方法，这对我们完善自我行为是有很大帮助，同时，也有利于我们去了解别人。

质疑法：对与错都有原因

很多人可能听到过这样的理论，说对与错只在一念之间，一念成佛，一念成魔。也就是说人无论是做得对还是错，都在一念之间。而导致对错结果产生的根源是人的"念"，也就是人的思想。

在生活中，我们难免会做错事情，而无论是做对了还是做错了，对与错所呈现出来的只是结果，它并不代表产生错误结果是毫无根据的。也就是说，对与错的产生都是有原因的。

所谓"万事皆有因""有因才有果"。的确，无论我们做什么事情，都有自己的理由，也有自己的思想，而一个结果的产生，无论好坏，都是由原因造成的。正是因为这点，就要求我们在日常生活中，能够用缜密的思维去分析事物，同时，我们要敢于质疑结果。

我们经常会听到别人提醒我们要"敢于质疑"，也就是多去寻找事物的原因与本质，无论事物是对是错，要看到结果背后的原因。而这种思维上的质疑，是一种懂得思考，善于发现的清醒。有一位名人说过："人是一根会思想的芦苇。"这就表明，人要善于思考问题，而思考问题就要具备辨别能力和明辨是非对错的本领。如果别人说对，我们也就认为是对的，别人说错，我们就认为是错的，那么我们就没有了自己的判断，久而久之，自然也就失去了判断的能力。

古代私塾，先生教孩子读书，只是教孩子将书上的内容背下来，而先生每天的任务也就是检查孩子是否背过了。

这天照旧，私塾先生走进课堂，要求学生背诵昨天布置的背诵作业。这个时候，只看到一个学生站了起来，问道："先生，您让我们背诵的知识是什么意思？"

先生开始认为这个孩子是顽劣，拿着戒尺走到这个孩子面前问道："你背过了吗？"

"背过了。"孩子说道。

私塾先生点点头，没有说什么，走到讲台上说道："我原本认为你们长大了自然会明白书本上的意思，现在既然你们想要明白书本上的道理，那我就给你们讲讲吧。"

从那天起，私塾先生每天都会先将要教授的内容讲解一遍，然后再要求学生去背诵。课后，有人问那位站起来提问的学生："你不怕先生用戒尺打你吗？"

他回答道："学问，不懂就要问。我们不懂书本上的意思，背诵也是没有用的。"

很多时候，我们会将已经形成的知识或行为习惯当作理所应当存在的，甚至会当作正确的，根本不去分析这些约定俗成的行为是否真正正确。而质疑法就是让我们摆脱原有的认知，根据事物的本质特点来断定现有的行为是否正确。不仅如此，利用质疑法能够让我们看清楚事物的真面目。

在1801年的时候，一位勇敢的物理学家发表言论说："尽管我仰慕牛顿的大名，但是我并不因此认为他完全正确。我遗憾地看到他也会出错，而他的权威也许有时甚至阻碍了科学的进步。"这位物理学家就是托马斯·杨。他敢于质疑，敢于创新，所以最终在光的"波动说"方面取得了创新，促使光学研究从原来的死胡同走了出来。

每一个科学的进步都离不开创新，而创新背后的思维基础则是质疑。敢于质疑就是一种敢于挑战真理的精神，尤其是大家都认为对的时候，我们能够找到推翻理论的根基所在，这才是质疑的价值。

如果我们说对的事情都是有原因的，这个理由足以让大家点头。然而，错误的事情也是有原因的，恐怕很多人不曾仔细分析过这个问题。的确，世间万物的存在都会遵循一个因果关系，即便错误的结果，也可能会遇到正确的原因。比如，在电影《我不是药神》中，主人公为了帮助更多的患病者，做出违法违纪的事情。结果，主人公被判了刑。我们如果单纯地看结果，可能会觉得主人公做错了。但是如果我们分析原因，会发现主人公身上存在着正义、无私，他无法容忍那么多的病人因为买不起正版药而死去，也是出于这个原因，他决定做违法的事情。当我们看到原因之后，我们不会责备主人公的犯罪行为，反而会敬佩他的行为，即便这种做法不可取。因此，对事物原因的分析，能够促使我们看清楚事物的本质，也能够让我们看清楚结果对与错的本质。那么，质疑法的运用，对我们日常生活有怎样的好处？

1. 质疑是一种精神，也是一种人格，因此，对我们的人际交往是有帮助的。古语有言："君子和而不同，小人同而不和。"也就是说，我们与人交往的过程中，正是在思维上运用了质疑法，这能让我们接受别人观点的时候，形成自己的观点。我们可以变得大度，允许别人思想与自己思想的不同，这对我们的人际关系的维护是十分有帮助的。

2. 质疑是一种创新，因为质疑的过程是我们对知识、常识和经验进行了解的过程，在整个过程中，我们要做的不仅是理性的怀疑，更要保持警戒之心。创新就需要从质疑开始，有了不同的思想，才能有新的发明与发现。

有的人可能会说，有的时候自己看不到导致事物发生的原因，或者不清楚导致出现这样的原因是什么。而对于原因的推理和分析是需要一定的思维过程和知识积累的。比如，我们如果问一个农民为什么会发生金融危机，他可能说不出原因，但是他知道金融危机对自己的收入会产生影响，但这不代表金融危机没有原因。因此，我们在掌握了一定知识之后，用质疑法去分析结果，这样才有意义。

在思维的过程中，遵循事物的本质的过程，往往能让我们将事物看得更透彻，如果我们抛弃了对事物原因的分析，只看重结果，那么，我们很容易犯错，思维也会变得局限。

排除法：删掉错误项

排除法是人们日常生活、工作、学习中经常会用到的选择方式，这种方法是依据类比或对比对存在的假命题进行排除。单纯看排除法的概念，或许我们会感到十分复杂，但是说到我们上学的时候，做选择题时运用到的排除法，肯定不会感到陌生。在试卷上给出了四个选项之后，我们要做出选择，就可以运用排除错误选项的方式。在思考问题的时候，排除错误项，这对我们进行全面、正确的思维也是有帮助的。

　　小麦邀请了自己的四个朋友来家里做客，四个朋友分别来自三个国家。为了使他们能够自由地交谈，小麦要将四个人安排在一张圆形饭桌上。其中，小麦是中国人，不仅会说汉语，还会说英语；甲是德国人，会说德语还会说中文；乙是英国人，会说英语和法语；丙是日本人，会说日语和法语；丁也是日本人，会说日语和德语。请问小麦该如何安排这些朋友呢？

　　要做好安排，保证每个人都有可以聊天的人，那么就需要运用排除法来进行座位的安排。即小麦要保证朋友与自己的两个邻座进行交谈。

　　小麦是这样安排座位的：小麦挨着乙、乙挨着丙、丙挨着丁、丁挨着甲，而甲挨着小麦。这样正好五个人在一张圆桌上。小麦可以与乙朋友说英语，乙朋友也可以与丙朋友说法语，丙朋友与丁朋友可以说日语，丁朋友可以与甲朋友说德语，甲朋友与小麦可以说中文。

在生活中，要用到排除法进行推理的时候很多，当然，运用排除法进行推理也是有前提的。

首先，我们进行推理的结果要有选择性。也就是说，如果给出了一个结果，那么我们无法做选择，自然也就不用排除法来寻找答案了，所以要给出两个及以上的选项，我们才能运用排除法。其次，在选项中，必然有一个或多个正确项，但不可全部都为正确项，否则排除法也就没有了运用的意义。比如，我们要排除错误的选项，才能得到正确的选项。最后，运用排除法进行推理的时候，要有依据，判断要有依据，不能毫无根据地进行排除，那样根本无法称之为排除。

在生活中，我们运用排除法，获得自己想要的事情发展结果，那么，排除法的运用究竟有怎样的好处呢？

1.运用排除思维法，最直接的好处就是可以让我们少走弯路、不走冤枉路，让我们在"必然性"中更快地找到自己想要的答案。

周末，一位父亲开着汽车要带孩子去野营，通往野营地点的路有三条。父亲一时之间不知道究竟要走哪条。经过观察发现，最左边的路很窄，根本过不去汽车；中间的路很宽，但是很少有汽车朝着那条路驶去，最右边的路虽然看着曲折，但是有很多车辆在那条路上行驶。最后，这位父亲选择了右边这条路。因为周末，很多人都会带着孩子去野营，所以路上会有很多私家车。

2.排除思维能够让我们在寻找答案的时候，对事物有全面的认知。比如在工作的时候，有三个任务可以让你去选择，一个任务是比较难完成的；一个任务是很容易就完成的；一个任务是需要与别人合作才能完成的。如果你的老板让你自己选择一个任务去完成，你会选择哪个？当我们进行选择的时候，肯定要对自己的能力和任务进行分析，从而做出一个相对合理的选择。在分析的过程中，我们肯定会对自己有一个客观的能力认知，从而对三个任务进行全面的了解，这样才能保证自己在使用排除法选择的时候，不会出现差错。

我们在生活中，经常会看到有人在下棋。其实，下棋的过程就是一个排除思维的运用过程，每走一颗棋子、每走一步都要再三思考，全面分析，从而选择一个有优势的棋子，走出距离目标最近的一步。

我们运用排除法进行推理或思考，目的是能够以最快的速度获得自己想要的答案。在这个过程中，我们不得不承认，排除思维就是一个选择的过程。我们选择的依据就是客观存在的事实真相和本质，如果我们脱离了客观存在，只是凭借自己的感受和情感进行选择，势必会对我们的判断产生误导。所以说，排除法应用的基础是保持理性的头脑，只有在理性、理智的状态下，才能让我们找到正确的答案，也才能让我们实现正确的排除、正确的选择。

填充法：构建框架的习惯

提到思维，我们的整体印象是怎样的？就拿做一项工作来讲，我们首先要了解完成这项工作要分几步去做，然后才是每个步骤要如何做，有哪些细节工作要做。思维构建也是如此，我们要对主体进行一个全面认知，然后大脑中会形成一个思维框架，而这个框架就如同我们写文章的提纲，将主要的方向罗列出来，然后再去填充内容，这就是我们要用的填充法。

我们大脑在进行思维填充的时候，很多时候是无意识的，或者说我们本身不想有意地去填充，但是大脑会自动地填充内容，这就表明我们已经养成了构建框架、细节填充的习惯。这种习惯的养成，对我们细化思维、全面思考是有利的。

每个人的思维框架构建形式不同，但是无论哪种构建思维框架的方法，其目的就是让我们更加清楚目标是什么，自己要通过思维活动，实现怎样的行为。

一位妈妈要给年幼的儿子准备生日宴会，因为儿子希望邀请好朋友来家里庆祝。这位妈妈第一次为儿子搞生日宴会，她不知道要做什么。

经过一番思索，她在大脑中有了自己的构思：

一、让儿子的朋友知道这件事情，并来参加；

二、环境的布置；

三、客人来了要安排的节目。

经过思考，她发现其实也无非这三点要准备的。于是，她又细化了三方面的细节问题。

一、让儿子的朋友知道这件事情，并来参加。

1. 与儿子商量邀请人员名单；

2. 制作邀请卡片，由儿子派发；

二、环境的布置。

1. 购买装扮房间的物品；

2. 全家一起装扮房间。

三、客人来前准备，客人来后安排。

1. 去超市购物，餐食的准备；

2. 蛋糕预定；

3. 宴会流程。

在进行思维细化和填充之后，这位妈妈瞬间便知道自己要先做什么，再做什么。这就是她思维框架构建的过程。当然，在思维框架构建过程中，我们需要注意下面几方面的问题：

1. 要搭建思维框架，就需要一些思维模型，思维模型的选择是十分重要的。每个人的能力圈是不一样的，所以选择的思维模型也是不一样的。因此，在搭建思维框架的时候，受到思维模型的影响，我们搭建的框架也是不一样的。即便是针对同一件事情，在不同的思维模型影响下，我们所搭建的思维框架也是不同的。

思维模型大都是从一些理论中分化出来的，但是有些理论其实并没有落实到思维模型中，这就需要我们掌握理论的同时，能够将理论应用于实践，在实践中展现自己的理论和思维。

2. 受到周围环境的影响，我们所搭建的思维框架是不同的。比如，我们身处工作中，我们要完成一项任务，可能会考虑自己对周围同事产生怎样的影响，如果我们身处家庭中，要考虑自己的行为是否对家人产生不良影响。

思维框架的构建并不是一件容易的事情，尤其是养成思维框架搭建的习惯，这并不容易。在生活中，如果我们能够在日常对自己的思维搭建能力进行有意识的训练，这必将影响我们的日常生活，对我们的日常行为也会产生很大的影响。因此，要用填充法来构建思维框架，不妨从以下几点来进行：

1. 选定大方向。

在做任何事情之前，我们的目标就是我们行动的方向，对于思维框架构建也是如此，我们首先要明白自己的目标是什么，比如做这项工作的目标是什么，什么样的结果是我们想要实现的。在知道大的方向、目标之后，我们的行为才更有针对性，行动计划的制订才更有意义。

2. 细节后期填充。

虽然明白了大的目标和方向，但是一些细节问题需要我们去填充，也需要我们去认真思考，在细节填充上，一定要考虑可行性。细节的填充需要讲究一些方法，不是所有涉及大方向的细节都需要在思维上进行填充或补充。

填充法对于思维的紧密性是有帮助的，在我们保证了思维的紧密性，我们才能让自己的思维变得更加活跃，我们的行为才能减少出现纰漏。

经验法：积累思想经验

经验法的运用，对于很多人来讲并不陌生，因为无论我们做什么事情，都会有自己的经验要传播。在现实生活中，我们做任何事情，都会收获一些经验教训，而这些积累下来的经验就是我们可以利用的思维推理手段。

积累是我们一生中最应该具备的能力。但凡事业上有建树的人，都是十分善于积累的人。同样，积累也是一项极为细致的工作，不仅需要细心、耐心，更需要不厌其烦地细水长流，三天打鱼两天晒网的人，是做不到积累的。积累可以丰富自己的知识，并且扩展自己的视野。

> 世界文化名人、犹太作家肖洛姆·阿莱姆，小时候经历并不好，他的后母对他很不好，经常折磨、谩骂他。每天晚上，委屈的肖洛姆会自己躲到角落，伤心地流着眼泪将这一切记录下来，他会记得很详细，自己是如何被继母谩骂的。日久天长，他竟然记了满满的一大本。长大之后，他把这一堆骂人的词汇按字母的先后顺序编成一个小词典，命名为"后母的词汇"。他说这是他的第一部作品。后来，在他写的文学作品中，不少咒骂和尖刻的话都让人觉得十分精彩，而这些都是从他后母的词汇那里"借"来的。

可见，肖洛姆·阿莱姆儿时经历中的某些部分已经成为他日后写作的经验，这些经验对他的写作起到了好的作用，这也正是经验的巧妙之处。在每个人的生活中，我们每天都会经历很多事情，也会经历很多别人的事情，有心的人会从中汲取经验，进行总结。等到自己真的需要的时候，这些经验又会成为不可或缺的部分。因此，在我们日常生活中，我们不仅要学会总结经验教训，更要让自己的思维活跃起来。

巴菲特说过这样的话："当一个有钱的人遇到一个有经验的人时，有经验的人最终有钱，而有钱的人最终得到经验。"可见这是巴菲特的经验之谈，这句话足以体现他对经验的肯定和重要性的认知。而在现实生活中，很多人会将行为经验定义为思想经验，其实这是不正确的。下面我们先看一个行为经验的典型例子：

> 古时候，康肃公正在练习射箭，有个卖油的老翁放下担子，站在旁边，观看他射箭。很久都没有离开，老翁看到康肃公射箭技术很好，微微点头。
>
> 康肃公问老翁，是不是懂得射箭的技术，老翁说自己不懂射箭，但是知道这主要是靠手法娴熟才能射得好。康肃公有些生气，说："你怎么敢轻视我射箭的本领呢？"卖油老翁说："就凭借我倒油的经验。"
>
> 于是，老翁拿出了一枚铜钱，将铜钱放到了葫芦口上，慢慢地用油勺子舀油注入葫芦，油从铜钱孔注入，但是钱币却没有被打湿。老翁边笑边说："我只是手法熟练罢了。"

很多人都听过《卖油翁》的故事，这个故事中，卖油翁由于拥有娴熟的手法，所以他倒油的技术高超，而这归根结底是他行为经验导致的。

与《卖油翁》不同的是卖炭翁卖炭的故事：有位卖炭的老翁，整年在南山里砍柴烧炭。到了冬天，他会将自己的炭拉到集市上卖。每次去卖炭，他都会选一个特别寒冷的天气，因为他知道天越冷，炭的价格越贵，这样他就能多卖一些钱了。

卖炭翁的思想其实就是出于自己多年的卖炭经验，他在思想上明白，天冷人们需要的木炭就会多，需求多了，炭的价格就高了。

在生活中，我们要像卖炭翁一样，多积累一些思想经验，这对我们日后的生活和工作都是有好处的。对于经验的积累，其实是有一定技巧的。

1. 对事物发展的规律进行总结。

事物发展会遵循一定的规律，也会产生不同的效果，因此，我们可以对经历的事物规律进行总结，在以后遇到同类事情的时候，我们可以通过规律的总结去支配我们的行为，完成当下的任务。

2. 对事物结果进行分析。

每件事情的结束总会产生一定的结果，不管是正面的结果还是负面的结果，我们对结果的总结，是为了以后遇到同样的事情，不至于再次出错。当然，对结果分析的过程，其实也是自我行为和思想剖析的过程，每个人都应该进行有益的行为剖析。

3. 在事物发展过程中的一些思想总结。

在事物发展过程中，我们会有自己的一些思想注入进去。因此，在这个过程中，我们需要的就是对自己的思想进行总结，总结自己思想的目的，就是为了能够更好地获得知识。当然，并不是每个人都擅长对思想进行总结的。这就需要我们有意识地去关注自己的思想和思维变化，从而有意识地进行分析总结。

在生活中，我们做任何一件事情，都需要付出脑力劳动，而脑力劳动的关键就是思想和思维。一个善于运用思想经验处理事情的人，往往能够达到事半功倍的效果。而一个不懂得总结思想和思维发展的人，做事情往往是虎头蛇尾、毫无头绪。

多方面感知：消除思维盲点的秘密武器

什么是感知？或许有人会将感知直接概括成感觉，其实感觉只是感知的一方面，感知即意识对内外界信息的察觉、感受、注意、知觉的过程。而感知可以分为感觉过程和知觉过程。

感觉过程中，被感觉的信息包括机体内部的生理状态和心理活动，也包括外部环境的存在和关系信息。知觉过程，是对感觉信息进行有组织的处理，对事物存在的形式进行理解和认知。

如果单纯通过上面的概念，我们可能会觉得感知如此深奥，但是我们本身能够意识到感知其实能够弥补思维上的漏洞，尤其是我们运用多种途径去感知。那么，我们的感知途径有哪些呢？

1. 听觉能力：通过人类的耳朵进行听觉感知，包括听感觉能力和听知觉能力，简称听觉。比如，音乐的美妙、噪声的刺耳。

2. 视觉能力：通过人类的眼睛进行视觉感知，包括视感觉能力和视知觉能力，简称视觉。

3. 嗅觉能力：通过人类的鼻子进行嗅觉感知，包括嗅感觉能力和嗅知觉能力，简称嗅觉。

4. 味觉能力：通过人类的舌头、口腔进行味道感知，包括味感觉能力和味知觉能力，简称味觉。

5. 触觉能力：通过人类的肢体、皮肤等与外界进行接触，包括触感觉能力和触知觉能力，简称触觉。

6. 运动觉能力：人类在运动的过程中进行的感知，包括运动感觉能力和运动知觉能力，简称运动觉。

7. 平衡觉能力：包括平衡感觉能力和平衡知觉能力，简称平衡觉。

8. 空间觉能力：人类对所处空间感觉能力和空间知觉能力，简称空间觉。

9. 时间觉能力：人类对时间存在的一种感知，包括时间感觉能力和时间知觉能力，简称时间觉。

10. 纠错觉能力：人类对错误的察觉能力，包括感觉纠错能力和知觉纠错能力，简称纠错觉。

通过多种类、全方位的感知，能够让我们的思维更全面。"感知"这个词出现的频率虽然不高，但人的行为是受到大脑支配的，每个人大脑里面想的东西能够导致一个人的行为发生改变。

举个例子，有时候我们回过头看几年前自己的一些想法或者做法，会觉得当时自己十分的愚蠢和幼稚。当然，过几年再去看现在的想法或行为，又会觉得非常愚蠢，自己有时候觉得身边人的一些行为和思想是愚蠢的，身边有些人却非常优秀。比如有时候会觉得这个人为什么这么聪明，这个人能力怎么会这么强，这个人为什么能让所有人都喜欢……原因当然会有很多，但是最大的诀别就是感知能力不同。

一位年迈的智者问两个年轻人："你们的梦想是什么？"

矮个子年轻人说："我的梦想是成为千万富翁。"

高个子年轻人说："我的梦想也是成为千万富翁。"

智者说："现在我给你们每个人100美元，你们拿着这100美元去实现自己的梦想吧。"

高个子年轻人拿着100美元，他将这笔钱放到了存钱罐，他没打算花智者赠予的100美元。而是自己找了个临时工的工作，每天早起帮一家酒店的后厨摘菜、洗菜，后厨管饭，所以他每天不会花钱，每个月还能收入800美元。在他做了两个月之后，他感知到自己如果再这样做下去，是不会有大的发展的。于是，他用自己挣到的1600美元，买了一些小商品，每天晚上，他会带着小商品去广场、公园等人多的地方售卖。就这样一年过去了，他赚了50万美元，之后，他用这些钱开了一家玩具加工厂，三年之后，他收入突破了一千万。即便如此，他还是坚持每天早早起床，坚持工作。

矮个子年轻人拿到100美元后十分开心，他想自己原来一分钱也没有，现在就已经拥有了100美元，于是，第二天他到了九点钟也没起床，因为太饿了，到了中午才起床，出门来了一份午餐。就这样矮个子年轻人浑浑噩噩过了一周，眼看100美元即将花完。他才意识到自己必须找点事情做。

第二天，矮个子年轻人找到了一个酒吧，他在酒吧推销酒水，一个月薪水可以达到2000美元，他很开心，因为这份工作不用早起，只要晚上去酒吧就可以。于是，晚上去酒吧上班，白天睡大觉，成了他的习惯。

三年时间过去了，智者找到了两个年轻人，高个子年轻人从存钱罐中拿出了曾经的100美元，他还给了智者，并且，他已经成为当地很有名的玩具制造商。而矮个子年轻人却因为晚上喝酒喝多了，去见智者的时候两眼蒙眬，智者问他的梦想是否已经实现，矮个子年轻人说自己现在依然身无分文，因为每天晚上他在推销酒水的时候，总是忍不住会喝几杯，最后沦落为酒鬼，更别提千万富翁的梦想了。

通过这个例子可以看出，高个子年轻人在做酒店后厨打杂工作的时候，他就对未来有了感知，他不允许自己身处舒适区。而矮个子年轻人无法控制自己的坏习惯，对自己的未来也没有正确的规划和感知。

在生活中，我们很多时候是不善于运用自己的感知能力的，比如通过全面的感知，我们能够知道与某个人合作可能存在不妥之处，但是始终不想放弃合作的机会，最终，对方背叛了自己，我们才会后悔。又比如，我们遇到了困难，通过感知我们意识到只要努力便能够化险为夷，但是我们选择了放弃。

做一个感知能力强的人，这不仅对我们的生活有帮助，对我们全面思维也是有极大帮助的。而一个不善于全方面感知外界的人，往往只活在自己的世界里，这样的人怎么可能会经受得住社会的考验呢？因此，在日常生活中，我们要有意识地去锻炼自己的感知能力，比如锻炼自己的观察能力、听觉能力、触觉能力，等等，当我们有意识对自我感知能力进行训练时，我们才能更好地去感知周围发生的一切。

直接认知法：面对面直接了解事物的优势

俗话说："读万卷书，不如行万里路。"这句话告诉我们去亲身经历与体验的重要性。思维过程也是如此，我们如果能够直接面对面地了解事物，这对我们的思维建立是十分有好处的。

当然，我们在身处事物发展中的时候，可以运用直接认知的方法来了解事物的优势。要知道，每一种事物都有自身的优点，我们直接去认知事物时，可以抓住事物的优点，立足事物的优势进行思考，这对我们进行选择是十分有好处的。

在生活中，我们不通过面对面的了解，很容易出现偏差。不管是人与人沟通还是处理一些其他事情，都需要我们直接认知事物，面对面了解事物的优势，只有这样才能利用优势来进行思维的完善。

1.直接认知能保证信息输入的准确性。

我们对外界的认知说到底就是对事物信息的输入，只有保证信息的准确性和正确性，我们的认知才更有意义。如果我们信息的输入出现了偏差，势必会影响我们对事物的理解和认识。而在现实生活中，错误的信息输入会影响思维的正确性，因此，直接认知法是保证信息准确性的关键所在。

　　盲人摸象的故事，想必很多人都听过：在很久以前，有四个盲人，他们从来没有见过大象，也不知道大象究竟长什么样子，一天集市上来了一个人牵着一头大象，四个盲人就决定去摸摸大象。第一个人摸到了大象的鼻子，他说："大象长得像极了一条弯弯的粗管子。"第二个盲人摸到了大象的尾巴，他说："大象很细，像根细细的棍子。"第三个盲人摸到了大象的身体，他说："大象既不像粗管子，也不像细细的棍子，反而像一堵墙。"第四个盲人摸到了大象的腿，他说："大象才不像一堵墙呢，它像一根粗粗的柱子。"

周围的人都开心地笑了，四个盲人不明白为什么别人会笑。

通过触觉的认知，可能会存在偏差，如果盲人能够直接认知大象，他们或许不会将大象当成粗管子、细棍子、一堵墙、粗柱子。

2. 直接认知能让我们以最快的速度了解事物的本质。

在面与面与他人接触的时候，我们了解的不仅仅是自己需要了解的信息，还可能接触到"始料未及"的信息，而这些信息会刺激我们的大脑思维，甚至会影响到我们的判断。因此，在与外界进行交往的过程中，直接认知能够让我们以最快的速度抓住事物的本质，从而做出合理的判断。

一个刚进公司的新员工，看到老员工在公司兢兢业业，可这位新员工觉得公司工作环境也不好，工资水平也不高，为什么老员工能坚持下来，并且在这里一干就是十年呢？

等到年底的时候，新员工发现自己的工资卡里多了5000元，他被告知这是年终奖，原来，通过老员工，他知道在这家公司上班，上满10年，年终奖竟然可以拿到30万。这位新员工恍然大悟，他这才明白老员工为什么会愿意留下来。

3. 直接认知可以促使我们全面思维。

在认知过程中，通过间接的信息掌握，可能会导致我们对事物信息掌握有偏差，这也就无法促使我们形成全面的思维构架，而直接的认知过程，能更加直观地让我们掌握信息的构架，从而促使我们实现全面思考。

古代医学家李时珍为了研究药材，他可谓尝遍了千种药材。试药的过程其实就是他直接对药材本身进行认知的过程，在这个过程中，他了解到了每一味药材的药性，也了解到了药材的口感。正是直接对药材的认知，让他熟悉每一味药材的药性，或许正是因为他的直接认知，才成就了医学著作《本草纲目》。

可想而知，如果李时珍不亲身试药，他不直接与药材接触，他怎么可能有如此的成就，更不会被世代铭记。

无论是人与人交往，还是我们与外界的交往，都意味着我们需要掌握尽量全面的信息，了解事物的优势，避开事物的缺陷，从而让自己的思维更加缜密。对于外界事物优势的了解，能够让我们利用事物的优势展开思考，抓住事物的"闪光点"，这有利于我们找到新的突破点，这对事物的发展是有帮助的，对我们实现创新也是有帮助的。

第六章

逻辑突破：
突破逻辑博弈的瓶颈

"不傻装傻"的底层逻辑

有人说，装傻是做人的最高境界，有人认为，大智若愚是做人的一种高度。装傻，是真的傻吗？其实，装傻并非真的傻，装傻的前提是明白事理，是在知晓全局的前提下，根据自己的实际情况和真正目的而做出的自我暴露的行为。从逻辑学来讲，"装傻"的行为逻辑是一种底层逻辑，这种逻辑思维方式能够让我们摆脱尴尬或暂时逃脱困境，而这是为了维护自身的利益。

曾经红极一时的电视剧《宰相刘罗锅》中，最让人羡慕的恐怕就是刘墉的岳丈，也就是六王爷了。他时常犯"糊涂"，又能在关键的时候"糊涂"得恰到好处，皇上不但不会怪罪他，反而会说他忠心。他的为官哲学就是"难得糊涂"，即看破不说破，明白装作不明白，该犯傻的时候要犯傻。这就是他的"装傻"为官哲学，而归根结底，他的装傻背后的底层逻辑是"利益"，即维护自己的利益。

在生活中，我们身处社会中，势必会遇到很多人和事，如果我们用直接的思维方式和行为方式去处理所有的事情，势必会给他人造成伤害，甚至会危及自己的稳定生活。从另一方面来说，我们有太多的利益纷争和钩心斗角，有数不尽的人情世故和人际交往，这样的现状，我们是无法改变的，也是无法避免的。所以，我们为了避免自己掉进"陷阱"，就会选择这种"隐藏"自己的方式，"装傻充愣"既不让自己处于现实的惊险之地，又让自己很好地生存其中。

小宇是一名护士，她经常会和其他同事聊天。同事们谈论的主题无非是病人，几号床病人爱人怎么了，几号床病人得了什么病，等等。每次提到病人的情况，小宇都绝口不提，即便被问及，她也是三言两语将话题转移到其他方面。

在小宇眼里，病人也有隐私，除了自己的病情，其他任何事情都不应该成为谈论的焦点。所以她从不对同事管辖范围内的病人好奇，面对别人的疑问，小宇总是假装记不清，糊弄过去。

要知道，即便是经常在一起工作的同事，依旧存在着风险。一个思维缜密、善于思考的人不会因为逞一时口舌之快，就将自己置于危险之地。

装傻，是我们身处社会上的"保护色"，它不代表我们懦弱，只是一种高情商的表现，是聪明人真正该拥有的一项技能。

1. "不傻装傻"的思维方式意味着能屈能伸，以退为进。

现实生活不会是一帆风顺的，一个真正聪明的人往往善于在适当的时候服软，在合适的时机做到以退为进。当然，一个思维缜密的人，十分清楚自己什么该做，什么不该做，自己该怎么做。如果一个人懂得如何装傻、以退为进，即便身处困境，也能十分得当地脱离困境。

2. "不傻装傻"的人能做到深藏不露，低调为人。

在现实生活中，我们会发现，那些"自作聪明"或是"骄傲自满"的人往往会招惹他人的讨厌。在这些人的眼里，他们觉得自己是绝顶聪明的人，所以才会表现得异常自信。但是在思维缜密的人看来，这样的人是愚蠢的，也就是我们所说的"树大招风"。

人心难测，我们是善良的，但是并不代表所有人都善良，我们不想去将简单的事情复杂化，并不代表别人不会将简单的事情搞得复杂。因此，在这个时候，我们可以用"不傻装傻"的应对技巧，做一个低调的人，不去炫耀自己的能力，即便自己实力过硬，也不会过多地去显现在众人面前，面对别人的夸赞，只会露出笑容，一带而过。

3. "不傻装傻"的人可以做到看破不说破，表面装糊涂。

看破不说破，这是一种人际交往智慧，可以说这已经是当代社会成年人生存在社会上必须学会的原则之一，也是聪明人必须学会的技能之一。

看破不说破，表面装糊涂的意思就是在对待事情的过程中，能够做到睁一只眼，闭一只眼。哪怕我们面前的这个人，在高谈阔论，我们知道他是在自我吹捧，但是也不要急于去揭穿他，我们只要做到"心知肚明"即可，配合他的表演就好。

有一个这样的故事，亚马逊 CEO 贝索斯在很小的时候就表现出了自己的聪明，他也时不时愿意在外人面前表露自己的聪明。

一次，他跟随外祖父母一起驱车出门。年幼的贝索斯自然不想放过这次"显摆"自己的机会，他正在思考如何在众人面前彰显自己的聪明才智。他坐在车的后座上，突然看到外祖母在抽烟，便联想起了一则著名的广告，广告中讲过，每吸一口香烟，就会减少大概两分钟的寿命。贝索斯觉得机会到了，于是他在心里算好了一组数字，然后骄傲地拍了拍外祖母，并放大声音说道："每天抽烟两分钟的话，您就会少活九年。"

他以为自己的聪明会获得在场所有人的夸赞，没想到的是，车内瞬间变得安静下来。然后，外祖母便开始低声哭泣，外祖父则沉默不说话。过了一会儿，外祖父停下车，然后郑重地对贝索斯说："有一天你会明白，善良比聪明更难。"

很多时候，我们知道某些事情的答案，但是不能直截了当地说出答案，这不仅关乎善良，还关乎我们的态度。如果所有的事情，我们都斤斤计较，那么我们生活得会很累，同样，如果我们不懂得装糊涂，那么我们很可能会影响别人的生活。

智慧跟智商无关，有的人说自己智商高，但是并不一定是一个有智慧的人。而大智若愚的人则是有智慧的人。智慧无法通过理论习得，所以，我们会发现，一个"装傻"的人，能够找到化解危机的方法，这一点也不例外。

人生可能遍布坎坷，但决定我们是否快乐的，永远是我们的内心。所谓难得聪明，更可谓难得糊涂，这种思维能让我们在遇到生存危机的时候获得生存的机会，让我们身处尴尬境地时，摆脱尴尬的遭遇。

总之，"装傻"对于我们个人来讲，是能够帮我们维护自身利益的，这也是这种底层逻辑能够被部分人认可的原因。当然，"傻"一点并非一无是处，这便是大智若愚的智慧。

"分久必合，合久必分"的内在逻辑

"天下分久必合，合久必分"，这句话你是否会觉得很熟悉？它出自中国古代四大名著之一《三国演义》里的卷首语。

原话是"话说天下大势，分久必合，合久必分"，它指的是在天地宇宙之间，会存在一个固有的规律，即新事物会不断地替换掉旧事物。当新事物的发展符合社会的发展，符合人们要求的时候，就会出现所谓的"合"的局势。当相对新事物不再适合社会的发展，就会有及时的新事物出现，这样新事物会来替换已经是旧事物的"新事物"，在两者发生冲突的过程中，就会出现局势的变动，即为"天下分久必合，合久必分"的现象。比如：从夏朝在黄河流域进行统一开始，相继出现了商、周，周朝后期社会动荡，出现了诸侯分裂的情况，而春秋战国时期，我们看到"分"的局势。"分"的局面也不会永远保持下去，随着生产力发展和人民要求安定生活的愿望越来越强烈，势必会出现统一的局面，这就是秦国建立了短暂的"合"，不久，由于秦始皇的暴政，又促使人民出现反抗情绪，农民战争爆发，出现了好几股寻求"合"的势力，最后刘邦统一天下，建立汉朝。

历史上分分合合的现象很多，也很明显，分分合合从任何一个角度来看，都是有其发展趋势的，而根本的原因是生产力发展和人类社会发展的固有规律，这也是这种现象发生的内在逻辑之一。如果我们撇开这些方面不去思考，那么，哪个人愿意忍受不安定的生存环境呢？

我们都向往美好的、积极的东西，对于那些不够积极、不够美好的东西，我们不想去接触，更害怕陷入其中。人们都希望获得幸福和安定，而这些正是人们从一次次"分"，到追求一次次"合"的动机。

对我们来讲，在安定的环境中，我们才会感受到幸福，而不安定的环境，给我们带来的只有恐慌和焦虑。

或许你会问，为什么合久必分，分久必合？从逻辑学来讲，这完全符合事物发展的逻辑性。合，本身是一个美好的状态，但是这种美好状态的建立，是需要人们思维层面上的思考。在思维层面上来讲，我们对美好事物的向往促使我们对事物的认知会发生改变，而这种改变会促使"分久必合，合久必分"的思维的产生。

小张、小王、小李三个人是好朋友，于是，三个人计划合伙成立一家公司。

说干就干，三个人很快注册了一家公司，在公司里，小张擅长言辞，因此，主要负责业务扩展与客户维护；小王不善言辞，他负责技术开发；小李擅长管理，他负责公司日常管理事物和一些杂事。就这样三个人经过一年的艰苦努力，公司终于走上了正轨。其间，三个人经历了很多困难，比如客户的流失、公司手续的不健全，等等。

在困难面前，三个人都能积极地面对，三个人一起努力，终于，公司开始了百万盈利。按理说这样公司发展已经很好了，但是，三个人却发生了矛盾。小张认为自己对于公司的发展，有很大的功劳，而小王则认为如果没有了自己的技术支持，他们两个人的工作都白搭，而小李则认为，正是自己的管理才让公司得以运营和发展。

三个人的心态发生了变化，这就导致三个人开始有了私心，不再为公司整体发展考虑。最终，三个人决定"分家"，他们正在商量如何分公司的"财产"时，发生了一件很重大的事情：重要客户被竞争对手挖走了。也就是说公司的业务受到了很大的损失，公司很可能面临亏损。面对突如其来的情况，三个人别无选择，他们只能联合起来，像曾经创业那样，想尽办法。终于，在三个人的共同努力下，公司化险为夷。

事后，三个人意识到，这个公司离不开他们三个人中的任何一个人，无论是谁，他们都是公司举足轻重的存在。就这样，三个人放下了心中的私欲，他们又联起手来，尽心竭力地经营起公司。

在任何事物的发展过程中，我们都会遇到这样那样的问题，而真正促使我们去面对问题的关键是我们的思维。在我们与他人发生分歧的时候，我们要做的不仅仅是聆听别人的话语，更重要的是了解别人的思维过程，在我们了解了对方的思路之后，我们会发现无论什么事情都是有解决之道的。

任何事物的发展都是有规律的，我们要遵从客观规律，不要违背社会发展规律。分久必合，合久必分，这正是事物发展的规律。其内在逻辑如下：

1. 人与人交往会存在矛盾。

我们与他人交往是肯定会发生矛盾的，这种矛盾或大或小。正是因为矛盾的存在，我们才说人与人的关系"忽冷忽热"。当矛盾双方发生分歧时，自然关系会变"冷"，而当双方观点一致或者价值观一致时，自然呈现出的关系是"热"的。

2. 任何事物存在都是有理由的。

充足理由律告诉我们，任何事物的发生都是有理由的。有些人说自己不相信有些事情是无法改变的。的确，有些事物的发生是可以避免的，而有些事情的发生是无法避免的，但无论是可避免的事情，还是不可避免的事情，其发生都有理由。因此，在我们遇到无法避免的事情时，我们能做的只有顺应事物的发展规律。比如，当一个国家发生动荡的时候，人民只能保护好自己，只能用尽力气避免受到伤害。

我们身处社会，而我们的思想形成受到社会的影响，而思维的变化也会受到事物发展规律的影响。因此，我们可以要求别人完全按照自己的意愿去做事情，但是却不能要求别人按照自己的思想去做事情。

转换逻辑：说对自己有利的话

转换逻辑是一种多视角思维方式，是要求我们能够从多个角度来观察同一现象，用联系的发展的眼光看问题，这样我们才会得到更加全面的认识，从多个层次、多个方面思考同一问题，会得到更加完满的解决方案。当我们在与人交谈的过程中，转换逻辑能够让我们的思维更活跃，从而说出对自己有利的话。

莎士比亚说过这样的话："你的舌头就像是一匹快马，它奔得太快，会把力气都奔完的。"的确，在现实生活中，我们会听到有的人喋喋不休地说个没完没了，无论是与人交谈还是听别人说，他们总是会让自己成为交谈的中心。于是，为了达到这个目的，他们会不停地说，甚至说个没完没了。然而，我们明白"言多必失"的道理，说得多了，可能会出现失误，这是在所难免的。那么，在交谈中，我们要如何做到说对自己有利的话呢？

话语，是十分灵活的存在，而决定其灵活性的关键就是思维的转换能力。在现实生活中，我们需要表明自己的态度，更需要按照自己的想法来表达，只有转换思维足够及时，才能让我们怎么想的就可以怎么表达出来。

有一个人要举办一次生日宴会，于是他邀请了所有的朋友。

眼看宴会就要开始了，这个时候到场的人很少。他有些着急，便对身边的好友小赵说道："怎么该来的还不来？"

小赵听了他的话，心想，难道自己不该来？于是，小赵找了个理由离开了。看到小赵离开，他更加着急，说道："我不是说你不该来。"

在他右边的小孙听到了，心想，他是不是在说我不该来？于是，小孙也起身离开了。眼看在场的人越来越少，他坐在了朋友小孟的身边，嘟嚷着："怎么不该走的都走了？"

小孟听了，不悦地摔门而出。

他本是想要开一个生日宴，顺便能够与朋小聚，没想到却惹得朋友不高兴地走了。内心十分着急，喊了一句："我不是说你们该走，我是说好朋友怎么都没来？"

因为他的声音很大，导致在场的所有人都听到了，在场的人都在想，难道我们不是他的好朋友，他想要邀请的是其他人而不是自己？随后，在场的人都走了，他的生日宴会彻底泡汤了。

其实，这个人只是想要表达，为什么自己邀请的朋友，还有人没有到。可是，因为他的不善于表达，导致其他人产生了误解。

在生活中，一个不善于表达的人往往会"得罪人"。原本自己是好意，却因为自己不善言辞，导致自己的话语充满攻击性，最终不但惹得别人不高兴，也给自己带来了很多不必要的麻烦。而你有些话其实换一种说法，其表达效果是不一样的，得到的结果也是不一样的，这种换一种说法的原动力其实就是转换逻辑。比如，"你比他不差"与"你比他好很多"给人的感觉是不一样的，其说话的本质是一样的，要表达的意思也是一样的。因此，在与他人进行交流的过程中，不仅要思考自己说的话是不是别人能接受的，更要运用转换逻辑，让自己的表达方式对自己产生利好的一面。

人的语言表达归根结底是思维的问题，也就是说我们的思维方式会通过语言表达进行呈现。我们说的会被别人认为是我们想的，也就是"怎么想就怎么说"的结果。因此，我们要用转换逻辑来支配自己的语言，同时，语言的表达也要讲究技巧。

1. 因时而异的思维转换。

在不同的时候，我们对一件事情的表达是存在差异的。受到时间的影响，我们的表达也会发生改变。比如，在历史上，人们用古语与人交流，而如今，我们会用普通话进行交流。我们身处的时代不同，交流方法也不同。这就需要我们根据时间的发展变化，掌握当下的语言表达技巧。

2. 因情况不同的思维转换。

情况不同，语言表达也是不同的。我们身处的环境不同，表达的语言方式也不同。情况不同，表达话语的思维方式也是不同的。

美国校园发生了枪击案件，当时任总统的奥巴马悲伤地说道："再也不能让'美国枪支'这个毒瘤危害无辜的孩子们了，二十条鲜活的生命，一转眼就这样消失了，一定要惩罚凶手。现在，真的是该'取消'美国私人可以拥有枪支的时候了，它的可怕要比财政悬崖危险上一千倍、一万倍。"

他的话激起了美国"拥枪协会"和"反拥枪组织"的争论，奥巴马不得不站出来调解纷争。他却说："是我们美国人民，该坐下来好好思考如何才能保管好自己的枪支，拿出一个最稳妥、最有效的方案。要想杜绝枪击案的发生，不仅从形式上，更要从思想根源上，开展一场认认真真的'纠枪'全民战争，建立起保护孩子们的一道防火墙。"奥巴马的这次发言，获得了美国民众的大力支持。

开始，奥巴马说要"取消"美国枪支私有化，是为了安抚民众所产生的恐惧心理，当两个组织因为这件事情发生了激烈的争执之后，奥巴马为了化解双方的纷争，从建立保护孩子的"防火墙"着手，正是考虑到情况的不同，所以他适时地调整了自己的说话方式，从而化解了社会上的危机和矛盾。

3.因出发点不同的思维转换。

我们的思维出发点不同，所表达的方式也不同，就要求我们能够及时对思维进行转换。比如，我们单纯地站在自己的角度去说话，自己怎么痛快就怎么说，这样的话语势必会伤害别人的情感。而如果我们单纯地站在别人的角度去说话，那么，我们会委屈自己，牺牲自己的利益。因此，我们站的出发点不同，表达的方式也是有所差异的。

　　一个小商贩在集市上卖鞋，一位女士走过来，询问道："这鞋多少钱一双？"

　　小商贩说道："50元一双。"

　　女士说道："真贵。"

　　小商贩说道："这鞋至少能穿三年不坏，一年平均十几块钱，您一看收入水平也还可以，十几块钱恐怕连一天的饭钱都不够。"

　　女士听了说道："但是别人卖这样的鞋，才卖40元。"

　　小商贩说道："我先不说质量是不是一样，就说我拿的货是从厂家直接拿的，我的价格已经是最低的了，如果同样的鞋，别人比我卖得便宜，那只能证明他们的是假货。"

　　女士听了，试了试鞋子，买了一双走了。

小商贩在听到女人第一次抱怨贵的时候，他从女士的角度出发，让她意识到这个价钱很便宜。而第二次女士抱怨他卖的鞋比别人卖得贵的时候，他从自己的角度出发，让女士意识到这个品质的鞋自己卖的是最便宜的。可见，出发点不同，表达方式不同。无论哪种表达方式，小商贩都说出的话都是对鞋的销售有帮助的。

我们可能会说"我不知道怎样说话对自己有好处"。其实，我们之所以不知道怎么说话有利于自己，主要是因为我们的语言思维不够灵活，我们没有意识到哪些话对自己有害，哪些话会伤害别人。一个高情商的人，他们懂得说什么话，既能让别人听得高兴，又能让自己获得利益。

在生活中，每个人都希望被别人喜欢，受到别人的欢迎，而要做到这一点，很大程度上是需要善于语言交际的。不仅要说出别人喜欢听的话，更要保证自己的利益不受到损害。一个善于逻辑思维的人，总是能够找到好的表达方式。

人多不一定力量大

在生活中，人们常说"人多力量大"，到底是不是人多了，力量就一定大呢？或许你会认为，这个问题根本没有讨论的意义和价值，因为一个人举不起100斤的重物，但是三个人肯定能举起来。这不就是人多力量大的道理吗？

我们不去否认，在有些情况下，多个人的力量会超过个人，团队的力量会超过一个人的力量。但这并不意味着人多力量大是一个绝对的真命题。在逻辑思维中，没有太过绝对的事情。要知道，在生活中，人的力量来自多个方面，也会受到很多因素的影响，反而不容易掌控，而单个个体的力量仅仅受到个体因素的影响，反而容易集中力量。那么，人多一定力量大究竟在什么情况下是错误的？

1. 忽略了群体的情感逻辑。

我们小的时候可能就听过《三个和尚没水喝》的故事：

在山上一个寺庙中，有一个和尚，他每天自己挑水喝，寺庙里的水缸天天是满的。一天，寺庙里，又来了一个和尚，两个和尚都要喝水、用水，于是他们两个人合作一起去担水，水缸虽然不是天天满着的，但是水缸里多多少少也是会有水的。后来，寺庙里又来了第三个和尚，三个和尚都需要喝水、用水，但是因为懒惰和自私，三个人都不肯去打水。最终，寺庙的水缸里没有一滴水，就连寺庙里的花草都枯萎了。

如果从寺庙中水缸的水量来看，三个人的力量还不如一个人的力量强大。可见，人多力量大并不能代表所有事情，我们不应该单纯地用这样一种思维方式来认定事物和判断事物，要懂得分析事物。

从心理学角度来进行分析，我们人类是情感的动物，一旦形成了群体，群体成员会跟随群体的思想去做事情，这个过程中，会磨灭个人的思想和意志，从而形成集体心理。而这种集体心理所形成的思维方式可能对我们的行为产生积极的影响，也可能对我们的思维产生消极的影响。比如，我们独自走在商场里，因为肚子饿了，我们决定去买点吃的，这个时候即便商场中有很多人，我们还是会挑选自己喜欢吃的去买，不会受到别人思想的影响。而一旦我们进入到演唱会中，我们就会与在场的人形成一个群体，别人在疯狂地跳动时，我们也会跟着节拍跳动。当我们身处群体，我们受到群体情感的影响，那么我们本身就很容易形成反作用，而这种反作用正是导致我们产生负面情绪的原因。

如果这样说，你会觉得很迷茫，那么，我们不妨还以《三个和尚没水喝》为例子，在生活中，三个人懒惰自私的思想自然而然地成为群体情感。此时，要摆脱这种负面的群体情感，三个和尚要怎么做呢？首先这三个小和尚身体会发出"渴"的信号，这种生理需求是他们决定打破懒惰自私的一个重要因素。紧接着，他们通过逻辑分析，发现三个人一起合作打水，不仅能解决饥渴的问题，还能用水浇花浇草。因此，当我们打破负面群体情感后，多人的力量才能得到叠加。

2.忽略了结果思维导向作用。

你可能会有这样的疑问，如果人多力量不一定大，那么为什么人们会说

"三个臭皮匠赛过诸葛亮"？这种理论可是得到了很多人认可的，然而我们如果能够真正通过逻辑思维去思考的话，会发现，三个臭皮匠真的不一定有一个诸葛亮厉害。要知道，臭皮匠的人数多了，力气会超过诸葛亮，但是三个人的智商加起来是比不过一个诸葛亮的，就如同一个傻子是无论如何也比不过一个天才的。那么，我们不妨去思考，三个傻子叠加在一起，他们就能够抵得过一个天才了吗？显然，这是不成立的。相反，一个高智商的人进入了一个智力平庸的群体，那么他的智商不但不会得到提升，反而会受到限制，呈现出下降的状态。由此可见，人多不一定力量大。

有人将"人多一定力量大"的这种逻辑思维称之为"强盗逻辑"，因为从人的惯性思维来讲，认为人的数量多了，力量就会发生叠加，从而断定了"人多力量大"是可靠的。而要知道，世界上很多事情，是因为人多才造成了严重的负面效果。比如，当今社会中，网络文化盛行，网络暴力也成为互联网时代的新名词。这种网络暴力伤害性很大，但是缺乏事实依据。一个人发了一段视频，视频上一个老人在抱怨年轻人不给他让座，而所有看到这条视频的人，便开始攻击那个"不懂得"尊老爱幼的年轻人。这些评论很难听，那位年轻人也看到了这个视频，自然也看到了成千上万的评论，他很气愤，因为事实并非如此。事情的全过程是这位年轻人是残疾人，他的双腿严重残疾，而那位老人只是头发花白，真正年龄不过六十岁。而观众通过这个视频，没有看到年轻人残疾的双腿，也看不出老人的年龄，这就导致人们的思想形成了错误的认知，众人的"骂声"将这位年轻人推到了风口浪尖。

在生活中，并非所有的事情都需要众人合力，也并不是合力的效果比一个人的效果要好。如果在一个团队中，人们的目标如果出现了不一致，那么整个团队的工作效率也会受到影响，甚至还不如一个人的办事效率高。

在遇到同类事情时，我们需要进行思维分析，应该关注的是事物本身，

而不是单纯地去思考常识。人多不一定会力量大，同样，力量大也不一定需要很多人去努力，

要想实现"众人拾柴火焰高"，就需要保证众人在一起的目的是一样的，就是让"火焰"变得更高。对于善于逻辑分析的人来讲，他们做事情不会单纯地依靠数量，而是会依靠质量，高质量要比数量更有价值和意义。

应变逻辑强的人善交际

应变逻辑其实就是我们应对外界变化因素而产生的思维逻辑，这种逻辑要求我们的思维具有灵活性和变化性。

语言是思维的工具，所以通过语言来鉴识别人，是非常关键的。通常来讲，人的思想及情感会通过语言进行外在的表达。一个人的品格是粗鲁还是优雅、是低俗还是高尚，会通过他的措辞进行淋漓尽致的展现。在生活中，多数人的谈吐是漫无边际的，说话也很不得体，不管其他人是否愿意听，他都会一味地进行空谈，最后必然是言多必失。试看我们生活中，那些善于言谈的人，他们将生活变得快乐而温馨，无论在何时何地，他们都能正确对待身边的一切。在这些人的业余时间里，他们与朋友相处得也十分融洽，即便是自己遇到了困难，也总是会用巧妙的方式赢得别人的帮助。即便是在一些重要的社交场合，他们往往能说得十分得体、深受欢迎。因此，善于运用自己的好口才处理事情的人，在生活、工作中都有很大的成功。

林肯在当美国总统期间，到全国各地进行演讲，一位先生递给他一张字条，林肯不假思索地拆开字条，字条上写了一个词——"傻瓜"。林肯看了之后，并没有生气，而是镇静地说："我收到过许多的匿名信，全都只写了正文，不写自己的名字。而今天正好相反，刚才那位先生只署了自己的名字，却忘了给我写信。"

应变逻辑思维究竟和什么有关呢？经过研究发现，与一个人的心态、经验、学识都有关联。当然，这种能力也考察了一个人在一定程度上的联想能力和一种思维的变通性。应变即变通，意味着能够打破大脑中的讲话格局，思考问题的方向变得更加新颖。那么，我们要怎样学会随机应变的能力呢？

1. 多讲话往往能够带动大脑进行思考。

应变逻辑一个很好的表征，是体现在口才上，因此，我们要学会找时机锻炼自己的口才。比如我们可以在人多的场合发表自己的言论，在开始的时候，我们可以少说一点、说得简短一点，逐渐地，我们要可以驾驭整个谈话的氛围，从而表露更多自己的观点，讲话可以带动我们的大脑，让大脑高速运转起来，但是不要过于唠叨，更不要喋喋不休说个没完没了。

2. 保持自己的社会联系性。

人是社会中的动物，这就意味着我们必须通过社会性的交往和关系来保持自己的社会性。如果一个人自始至终不与任何人进行交谈和来往，不和其他人建立社会性的关系，那么，这个人的思维势必会变得闭塞。因此，我们要经常跟朋友一起聚一聚、聊聊天、谈谈心，多参加一些户外运动，与更多人建立社会联系，这有助于促进你的思维的流畅性。

3. 做一些能够提高快速联想能力的练习。

练习思维的流畅性。比如我们拿出一张纸，在心中选定一个事物或现象，在一分钟之内，围绕这个事物或现象，想到什么就在纸上写出什么，并且我们要试着每天写出的联想事物比前一天多，这样有助于锻炼我们的联想能力，也能够锻炼我们的发散性思维。

建立随机应变的思维，这并不是一件难事，这更需要我们在说话的时候学会随机应变，只有这样，我们才能真正意义上成为社交达人。那么，如何运用应变思维与人交谈呢?

第一步,懂得给别人留面子。

在生活中,谁也不会喜欢一个说话处处占上风的人,有时候逞一时口舌之快,反而会让别人认为自己的情商低。每个人都希望自己得到别人的认可,也希望别人尊重自己,因此,在人际交往过程中,我们需要尊重别人,尊重别人最直接的表现就是给对方留面子。千万不要在人前伤害他人的自尊心,更不要让别人下不来"台阶"。

在一次公司全体会议上,小张要做工作发言,因为紧张,小张将领导的姓氏念错了。顿时,台下一片哗然。会后,小张向领导道歉,领导说:"不要紧,我也经常说错自己的姓名。"

显然,这位领导给小张留了面子。

第二步,学会自嘲的交流方式。

我们不喜欢别人嘲笑自己,但是从思维角度来讲,一个懂得自嘲的人,是幽默的,他的思维也是活跃的。而从另一方面来讲,一个善于自嘲的人懂得这样的大众思维,即"没人喜欢别人比自己优秀"。自嘲,就是满足了他人的这种思维方式和要求,从而获得他人的好感。

有位太太家里水管爆裂,水喷得哪儿都是,于是她拨打了修理工的电话,但是等了大半天时间,修理工才到,这个时候水已经流满了院子。修理工懒洋洋地问女主人:"太太,现在是什么情况?"女主人看着修理工回答道:"还好,在等你时,我的孩子已经学会游泳了。"

这位女士显然是用自嘲的方式来表明自己对修理工的不满，这样说既能让修理工不感到尴尬，也能让其明白他的确来得很慢。

第三步，良好的谈吐方式。

良好的谈吐能够吸引别人的注意，更能给他人留下良好的印象。比如在与他人进行交谈的时候，我们一定要看着对方的眼睛来说话，在别人讲话的时候，我们要尽量不去打断对方说话等，良好的谈吐能够让我们的交谈更加顺畅。

在生活中，我们的思维直接关系到我们的处事方法，对我们的语言表达也会产生影响。因此，我们不仅要学会灵巧的思维，更要让我们的思维指挥我们的语言，在遇到不同情况的时候，能够随机应变地与人交流，更能找到合适的方法来与人交谈，从而维护好我们与他人的关系。

一个善于与人沟通的人，往往有着灵活的头脑，在他的大脑中，有这样或那样的思想，而不同的思想所带来的是不同的做事方法和交谈方式。思维敏捷的人善于转换思路，尤其是在交际中遇到尴尬境地的时候，他们总是能找到化解尴尬的方法，而这多半与他们的交谈方式是分不开的。因此，我们要做一个高情商的人，就要有意识地训练自己的思维，具备应对外界事物变化的能力，这种能力对我们的社交是十分有帮助的。没有人希望与不懂交谈的人进行沟通，更不想进行无效的沟通，而要进行有效沟通就需要具备交际思维。

以屈求伸，好汉要吃眼前亏

我们在生活中经常听人们说一句话："好汉不吃眼前亏。"说的是我们不能吃眼前亏，指聪明的人"识时务"，只有暂时躲开不利的处境，才能免得吃亏受辱。在生活中，我们经常会说做一个识时务的人，也就是一个善于随机应变的人，以退为进，以屈求伸。

唐人杜牧写过这样的诗评："胜败兵家事不期，包羞忍耻是男儿。"当然，"我们很清楚小不忍则乱大谋"的道理，也明白，在社会中生存，必然需要忍受一些东西，也要忍让一些人或事儿。在历史上也经常有"大人物"忍辱负重的例子。比如，勾践卧薪尝胆的故事；项羽忍耻的故事。可见，在逆境中，一个人是否能担当委屈，收敛自己的锋芒，有时候决定他能否实现大志，能否有所成就。而站在逻辑思维的角度去讲，任何事情的发生都是有因才有果的，也就是说我们要遵循因果逻辑。一个人的思维影响着他做事情的方式和承受能力，当这个人承受了巨大压力的时候，他要面对的不仅是压力本身，更多的是要面对自己。而一个"不吃眼前亏"的人，他懂得以退为进，逆向思维。

折而不争是一种傲骨，也是一种睿智。我们所处的社会并不是童话世界，社会中有太多的压力、丑陋，我们的一生势必会遇到这些丑陋，而面对这些压力、丑陋的时候，我们不能与它"硬磕"，要学会绕道而行，以退为进，这并不代表我们懦弱，这只能代表我们的睿智与坚忍。

韩信在很小的时候就失去了亲生父母，他主要依靠钓鱼换钱维持生计，要知道鱼并不是每天都能钓到的，也正因为这样，他经常挨饿。每次在河边钓鱼的时候，一位靠漂洗丝绵的老妇人经常周济他，而韩信在生活中，也屡屡遭到周围人的歧视和冷遇。

一次，一群当地的恶霸当众羞辱韩信。不仅如此，就连屠夫都欺负韩信，对韩信说："别看你长得又高又大，还整天带着刀剑，但是你胆子很小。你要是有本事的话就拿刀剑刺我，如果没胆量的话，就从我的裤裆下面钻过去。"韩信自知形单影只，他不想招惹麻烦，更重要的是，他觉得自己没有必要和这种人置气，所谓大丈夫能屈能伸，不能为了一时之快而不顾长远之计。于是，在众目睽睽之下，他从那个屠夫的裤裆下钻了过去，而那个屠夫则高兴得放声大笑，这就是韩信所受的"胯下之辱"。

可想而知，如果韩信当时"不服气"，与屠夫发生争执，暂且不说谁输谁赢，但肯定会影响韩信之后的发展之路。因此，我们在生活中，遇到任何问题，也要学会"小忍"，这样才不会"乱了大谋"。

一个懂得坚忍的人，思维往往是缜密的，因为他们知道自己的目标是什么，如何做才能实现自己的目标，正是拥有目标导向，才会让他们不去计较眼前得失。以退为进是人生的一大智慧，而并非代表一个人的懦弱。"退"是在该"暂退"的时候"退"，看似是"退"，实则是在"进"。

小王在一家厂子里做工，在他们车间，小赵是工长，所有人都要听从小赵的工作安排。这天，小王在工作，小赵说让小王下班之后打扫完车间卫生再走，因为小王为人实在，小赵总是会将脏活累活安排给小王。

　　小王觉得自己多干点活也没什么，他不想惹小赵，下班之后便打扫完卫生再回家。第二天，车间主任当众夸赞小赵吃苦耐劳，原来小赵在车间主任面前邀功，说车间卫生是自己下班后，加班打扫的。小王心里明白，小赵是在"抢功"。如果是其他人，可能会直接找小赵理论，但是小王没有，他觉得只要自己勤勤恳恳地劳动，肯定会得到领导的认可。

　　这天，小赵又安排小王下班后打扫卫生，而他却回家睡大觉去了。小王打扫卫生的这一幕恰巧被车间主任看到。

　　第二天，小赵再次去车间主任面前邀功，而车间主任生气地揭穿了小赵的谎言。车间主任意识到小赵偷奸耍滑的行为，在没过多久，车间主任将小赵降级为普通员工，而将小王升为工长。

　　在社会生活中，我们会遇到形形色色的人，有些人会做出对我们不利的行为，在这个时候，我们要保持冷静，不要冲动做事。当我们无法"隐忍"的时候，一定要想想我们的目标是什么、我们的目的是什么，让我们的逻辑思维支配我们的行为，而不是让感性支配我们的决定。

　　以屈为伸、欲进先退的思维能够帮助我们化解暂时的矛盾，而这种矛盾的化解方式是建立在降低自我伤害的基础上的，也就是说，我们"不吃眼前亏"的方式看似是对我们不利的，而站在长远发展角度看，这对我们的长远发展是有帮助的。一个目光短浅的人，只能看到当下，自然不会忍受"吃亏"，而一个眼光长远的人，他们具有发展思维，因此，他们不会对眼前的小事情斤斤计较，也不会因为"小节"而损害长远的发展。

　　我们是社会中的人，社会是复杂的，这就要求我们要善于运用逻辑思维对当下局势进行科学分析。当我们发现当下的环境不利于我们成长时，我们可以暂且隐忍，等到我们具有强大的力量，能够改变局势的时候，我们才进行"反击"。这种以退为进的逻辑思维方式，对我们长远目标的实现十分有利。

　　一个聪明的人，他不仅能看到当下的关系利弊，更能看到长远发展的利弊关系。他不会将自己的眼光和得失定位在当下，而是会将利益得失定位在将来。

信任逻辑：疑人不用，用人不疑

"疑人不用，用人不疑"，是一句古话，也是我们经常说的一句口头禅。看似简单，实则含义十分深刻，这句话最直接的逻辑支撑则是信任，只有在信任的逻辑之下，这句话才成立。

在三国时，刘备以"弘毅宽厚，知人善任"而闻名，主要是刘备起用的人，他从来不对其怀疑。不管是对诸葛亮，还是对关羽、张飞。因此，刘备的家业可谓亲情凝聚的典范。

关羽，可以为了刘备放弃一切功名利禄，过五关、斩六将，历尽千辛万苦回到刘备麾下；张飞，可以凭借自己的能力打下小天地，等刘备来当主人；赵云，可以冒死营救刘备的儿子；诸葛亮更是献计献策，为刘氏家族"鞠躬尽瘁，死而后已"。那么，为什么如此多的仁人志士都甘愿追随刘备？即基于相互信任。

"疑人不用，用人不疑"，这里的"疑"指的是不相信，有疑心。也就是说，不去重用靠不住、没把握、不信任的人；对那些信任的、有把握的、靠得住的人，一旦选择重用，就不要去怀疑他们。用人要放心，不放心的人不用。当我们在与他人接触之后，对他人产生了信任感，思维中会形成一种逻辑，即信任他人的思维。受到这种思维的影响，我们才愿意去无条件地信任他人，认可别人做的事情。

现实生活是一支万花筒，可谓千姿百态，遇到值得信任的人十分不易，要用信任逻辑去选择用人，绝非一件容易的事情。因此，当我们一旦选择相信一个人，就不要去怀疑他，如果我们对这个人不够放心，就不要去重用他。

一般来讲，对于企业也好，对于个人也好，我们要做到"疑人不用，用人不疑"，这并不是容易的事情。这要根据我们的日常需要、带着问题去用人。我们要明白用人的逻辑是什么。

我们在决定用某个人的时候，要做的就是先去了解这个人的能力和人品，可以适当地做一些调查研究，通过鉴别得出结果。通过多方面观察之后，才能确定如何去用这个人。从另一个角度讲，人才是来之不易的，可谓千军易得，一将难求。一旦发现某个人可用，我们可以因人成事，做到因人而异。这就是所谓的个性化处理的思维，将合适的人放在合适的位置，他才能取得大的成绩，而将不合适的人放在不合适的位置，他将一事无成。

有的人可能会想，看一个人也未必能看清楚他的真面目。的确，这就需要我们用全局思维去思考这个人值不值得去重用。要做到"疑人不用，用人不疑"的前提是"德"和"才"。从某些意义上来讲，德比才要重要。"君子喻以义，小人喻以利""君子坦荡荡，小人长戚戚"，这是君子和小人的区别所在。我们在考量一个人的时候，不仅要考量他的才，更重要的是考量这个人是否有"德"。

我们在与人相处的过程中，要学会全面思维，即通过观察，看到对方是否有才有德，也要善于运用逻辑思维进行分析，分析此人所表现的是否是真实的，避免出现逻辑谬误。

有位企业家说过这样的话："信任是我用人的第一标准。"这句话是很有见地的。用人要建立在信任的基础上，如果做不到信任，那就没有必要去重用他人。当然，做到"疑人不用，用人不疑"，是相对的、灵活的，不是绝对的、死板的，否则就会犯思维错误。

第一，不用绝对化的思维看待自己。人是多面体的，内心世界也是相对复杂的，我们很难用立体的、透视、多方位的思维去进行分析思考。通常情况下，我们看到的只是事物的一个方面。比如我们对"可疑"的人到底了解多少，我们的判断是否正确，从很大程度上来讲，我们是没有把握的。一次、两次打交道根本说明不了什么问题，或者说短时间内是说明不了什么问题的。没有把握的事情，我们就不要轻易地下结论。

第二，对周围人的判断要兼容并蓄。人们常说，大多数人的眼睛是雪亮的。在用人的时候，我们要多听听周围人的意见。当大多数人对一个人的判断和自己的判断有出入时，就要多问问"为什么"，不要固执己见，这个时候不妨多观察和考验，然后再下结论。借助他人的思维去全面认知一个人，这是十分重要的。

第三，对人的看法不能一成不变。事物是发展的，人也是在不断变化的，要用发展的逻辑去看待他人。随着人的阅历增加，人会发生改变。我们要用发展的思维对待一个人，而不是定位在以前，认为这个人"以前很诚信""以前很优秀"，而是要用变化的思维来看一个人，定位当下与未来。

第四，对人才不能求全或责备，所谓的得饶人时且饶人。人都有缺憾和不足的地方，所谓人无完人，不要用完美逻辑去对待所有人或所有的事情。我们要多看别人的优点，对于别人的缺点要用辩证思维去对待，如果这个人的缺点对我们的目标不会造成负面影响，那么我们没有必要去抓住对方的缺点不放手。而一个人即便有再多的优点，但是他的缺点会直接影响到我们的目标实现，那么我们也要慎重对待。

三国时期，北方袁绍兵多将广，统管地区地域十分辽阔，原本他可以建功立业的。但是就因为他不信任自己的部下，致使手下的大将张郃、高览等纷纷投降曹操。最后，占优势的袁绍被曹操所灭。

我们生活在社会中，每天都要面对各种各样的人和事。在面对不同的人和事时，我们第一个感觉就是对对方的"不信任"。而人与人之间，需要建立信任。只有合理运用信任逻辑，我们的思维才更趋向稳定。当然，并不是所有人都值得我们去信任，只有信任值得信任的人，我们做事情才能事半功倍。

二律背反，别被单一思维给害了

二律背反是什么？它最早是18世纪德国古典哲学家康德提出的哲学基本概念。如果从其定义来讲，它指双方各自依据普遍承认的原则建立起来的、公认的两个命题之间的矛盾冲突。看似十分枯燥、晦涩的定义，其实我们在生活中经常会用到。

二律背反为什么会出现？它的出现是存在一定必然性的，由于人类理性认识存在辩证性，辩证性力图超越自己的经验，从而去认知外界事物。在我们对外界进行探索与认识的时候，我们要尽量避免用单一的思维去认知外物。如果我们的思维过于单一，自然就会导致思维出现漏洞，思维也就不再全面。

单一思维是与多样化思维相对而言的，指的是从某一方面事物的思维过程中，这种思维往往只从一个角度去思考问题，在某些问题面前，我们只能提出单一的想法和找到单一的答案，这样就会导致我们的选择权大大降低，因此，单一思维具有方面性、真实性和低级性的特点。

第一，方面性。

因为我们单一思维的存在，导致我们看待事物时只能看到事物的一个层面，看不到事物的其他方面。比如，一个男士十分固执地认为自己很爱某个女士，他看到的是这个女士身上所有的优点，漂亮、身材好、温柔，等等，这位男士看不到女士的邋遢、说话不讲礼貌、做事马虎等缺点。当女士拒绝男士的表白之后，男士痛不欲生，当朋友劝说男士不要固执的时候，说出了女士的缺点，但是男士始终认为那个女士就是完美的。可想而知，这位男士之所以固执己见就是因为他只看到了对方的优点，也就是只看到了对方的一个方面的特征。

再比如，在生活中，有些人热衷于某款车，也许这款车根本没有那么好，但是出于思维的单一性，他们会觉得这款车是世界上最好的。

第二，真实性。

虽然我们的思维会出现单一的现象，但是我们单一思维的本质是事物的真实性。比如，一个人看到了白色的郁金香，他说郁金香是白色的。自然我们都知道郁金香有很多种颜色。在这个时候，这个人片面地认为郁金香是白色的，但是的确有白色的郁金香，这是事实。

第三，低级性。

单一思维是低级的，因为很多时候单一思维会让我们的认知出现偏差。如果我们单一地认为人只有智商的存在，那么就会忽略人的财商、情商等。如果我们单一地认为社会中只存在善良，那么就会缺乏安全防范意识。如果我们只看到玫瑰的美丽，那么我们很可能会被玫瑰刺伤。因此，单一思维容易导致我们犯错，这是不争的事实。

　　一个女孩去找心理医生诉苦："医生，我真的很伤心，因为和我谈了五年恋爱的男朋友要跟我分手。"

　　心理医生问为什么，女孩开始诉说男朋友如何如何不好，诉说男朋友是多么地不负责任。还说了一堆男朋友的缺点。

　　心理医生按捺不住问道："既然这个男人如此不堪，那为什么你还不愿意和他分手？"

　　女孩说道："我觉得爱情就是这样，我爱上了他，就应该和他一起走下去，即便他有很多的缺点和不足，但是我觉得这都是小事情，等结婚了就好了。现在我每天很伤心，每天将自己关在房间里，思考怎么才能不和他分手。"

听了女孩的回答，心理医生说道："你现在要考虑的不是分手的伤心，而是去一个自己向往的地方旅旅游。"

女孩很不解为什么心理医生让自己去游玩放松，但是她照做了，她来到了自己向往已久的海边，住在了一个海边民宿里。每天来来往往的人，有情侣，有朋友，后来，她被一位男士邀请去参加民宿晚上举办的舞会，发现参加舞会的男男女女都很热情、优雅，这里的男士不像男朋友那样没礼貌，不像男朋友那样粗鲁，不像男朋友那样不求上进。

在这里，她住了半个月的时间，之后，她回到了自己所在的城市，她突然意识到自己不再那么渴望与男朋友复合，也不再那么伤心。她又找到那位心理医生。

"医生，我觉得我心情好多了，这究竟是为什么？"她好奇地说道，"但是我保证和男朋友在一起的五年，我是真心地爱他，我认为离开他我是没办法存活在这个世界上的。"

心理医生听了她的话语之后，笑着说道："你或许很爱他，但是你是沉浸在自己的情绪之中的，你认为自己很爱他，但是你已经厌恶了他的不负责任、厌恶了他的虚伪、厌恶了他的邋遢。你厌恶他的一切，你只是在不停地告诉自己'我爱他'。"

听完心理医生的话，女孩恍然大悟，她微笑着离开了诊室。

当我们的思想变得单一，我们就会容易变得固执。越是固执的人，越是隐藏着自己的情感。如果一个人的知识水平有限、经历有限，那么他的想象力就会变得匮乏，从而了解、判断其他事物的能力就会下降，这个时候表现出来的就是固执。

一个想象力匮乏的人，对待事物的认知缺乏思维的张力，所以我们要不断地学习，不断成长，只有这样我们才不会让环境带给我们的束缚，成为我们一生的局限。那么，我们怎么做才能避免单一思维的存在呢？

首先，我们要增加自己的阅历。一个人经历得多了，对外界的认知也就多了，这样在做任何事情的时候，就都会有自己的判断和理解。当然，人生阅历是我们最宝贵的财富。

其次，多学习新的思想。随着社会的发展，世界每时每刻都在发生变化，我们要多学习新的思想，只有多了解新事物，才能打开我们的思维，让我们真正意义上去了解这个社会。

最后，多去接触外界的人和事。有的人本身是闭塞的，他们不愿意去接触外界的一切，不希望去接触陌生人，这势必会让他们的思维变窄。因此，我们要做的就是多接触外界的事物，多与人打交道。所谓"见多识广"正是这个道理。

每个人都希望自己少走弯路，希望自己不会掉入"阴谋者"的陷阱。因此，我们就要丰富自己的思维方式，避免单一思维，只有这样，我们才能实现自己的目标。

"顺路省力"的思维哲学

我们常说"生活是琐碎的"，因为生活中的事情不是大事，但是很多很杂。因此，人们处理琐碎事情的方法也有很多。

一个人原本打算下楼取快递，突然想到家里没有水果了，取快递的地方经过一个水果店，可以顺路买点水果，这样一想，发现家里没有主食了，恰巧水果店旁边有一个馒头房，他可以顺路买点馒头回来。

于是，这个人开始换鞋出发，走出来看到门口的垃圾，想起来自己可以将垃圾带下去，扔到垃圾桶。

就这样原本是要下去取快递，顺路做了好几件事。这样"顺路"处理一切可以办的事情的思维就是一种哲学，人们希望花费尽量少的时间和精力处理尽量多的事情。在工作中，也是如此，我们经常会看到这样的事情。比如，一名员工打算去拜访客户，而其他部门的员工会让这位员工带一些工作资料给客户。这种看似是在"偷懒"的工作方法，其实就是一种"顺路"思维。对于个人来讲，运用这种思维处理生活中的琐事，能够很大程度上提高效率。而对于企业或团体来讲，通过这种方式，来实现资源的最大化利用，既节省了时间，又节约了人力成本。由此可见，"顺路省力"思维是一种逻辑优化的现象。

在生活中，我们做事情希望能够节省时间，同时也希望能够达到自己想要达到的好效果，这就需要我们合理地进行规划，这样就可以实现一箭双雕的目标。

生活中需要我们付出智慧，一个擅长进行逻辑规划的人，通常希望在最短的时间内去完成所有的事情，同样，在生活中也需要进行规划和安排，这样才能成为一个工作高效的人。

郑小亮的职业是一名出租车司机，他每天早上六点会准时在自家小区门口"待命"，因为有的人着急去上班，会打车出行，这样自己顺路可以将乘客拉到一些办公楼附近。紧接着，他基本上不用换地方，就有乘客打车，所以他的第一个乘客多半是自己住的小区的居民，这样就能够保证往返都不空车。

郑小亮作为一名出租车司机，他之所以有这样的工作逻辑，是从他的工作实践中总结出来的。而这种懂得进行规划的工作方法，势必会让他多一些收入，少一些开支。

那么，在生活中，我们要对事情进行合理规划，从而做到"顺路省力"的思维方式，具体有哪些要求呢？

1. 了解自己所掌握的资源。

在生活中，每个人手中都掌握了很多的资源，只是很多时候我们意识不到而已。因此，我们要善于对自己手中掌握的资源进行分析，当我们掌握了足够的资源之后，就能够找到省时省力的方法，从而合理整合资源，实现高效解决问题的目标。

2.学会互换资源。

很多时候，我们所拥有的资源，并不一定对我们有真正的意义，也就是说我们本身不会拥有太多的资源，而我们需要的可能是其他人手中的资源，同样其他人对于自己拥有的资源也没有充分的认知。这个时候，如果能够将资源进行互换，将我们手中的资源给予别人，而将别人的资源收入自己的囊中，这样就能达到资源整合，达到既丰富自我需求，又能够满足别人的目的。这样做，也是进行逻辑分析的结果。

一家大的建设集团，旗下有很多子公司。在子公司资产管理方面，他们就运用了一种"共享"式的方式，从而达到资源的合理配置。比如，在河北的一家子公司需要一台投影仪，而北京总部正好有三台投影仪，其中一台投影仪已经搁置很久，于是，他们会以资产调拨的方式，将北京多余的这台投影仪调拨给河北子公司使用。这样做既减少了公司的资产投入成本，又能高效地完成资产配置。

在工作和生活中，我们可以通过巧妙的资源互换，实现"借力"的目标，从而不仅让自己的思维变得更加活跃，而且工作和生活也会变得更加顺畅。

3.不要投机取巧。

"顺路省力"的逻辑思考只是思维方式的一种，这并不意味着我们做事情可以投机取巧。虽然"顺路"是为了省力，但这不属于"投机"的范畴。比如，我们可以利用肥胖人群对身材的追求，进行合格的减肥产品的生产和销售，但这并不意味着我们可以夸大减肥产品的功效而去进行广告宣传。同样，在工作中，我们可以通过巧妙的方式来完成工作任务，但这并不意味着我们可以单纯地为应付领导检查而做表面文章。

一个小男孩急匆匆地在大街上跑，而母亲在街上和别人聊天。小男孩看到母亲，喊道："妈，家里的猪跑出来了。"

只见小男孩妈妈急忙向家跑去，在跑的过程中，还不忘捡起路边的树枝，因为她到家里之后要用树枝当鞭子，将猪赶到猪圈去。而小男孩也学着妈妈的样子，在路边捡起一根木棍，向家跑去。

到了家，母子二人一起将猪赶到猪圈里。

从那次之后，小男孩知道，如果猪跑出来了，需要用棍子赶猪。

可想而知，母亲在听到儿子的信息之后，她脑海中的目标已经确定，即将猪赶到猪圈，避免跑丢了，而要赶猪就需要工具，路边看到的树枝正好就是不错的工具，而小男孩看到了母亲的行为，他通过与母亲一起赶猪，认识到树枝的重要性。这就是小男孩"顺路省力"思维形成的过程。我们要学会这种思维，其实最重要的是经验的积累，如果不懂得积累经验和了解身边的资源，那么是无法做到"顺路省力"的。当然，这种思维之所以能够存在，很大程度上是出于人们的需求。

"顺路"思维被认定为一种全面分析、着眼全局的思维方式。只有我们全面统筹，才能进行统一安排和规划。当然，在进行统一规划的时候，一定要先了解自己的工作范畴，再对各项工作和事务合理筹划，只有这样，才能够做到真正意义上的"省力"。

一次成功背后需要多次失败

常言道："失败是成功之母。"这似乎已经成为老生常谈的话题，但在生活中，行动和言语是有差距的，有时也是不相一致的。在生活中，我们看到的可能只是别人的成功，看到的是别人的荣誉，而很少能看到别人成功之后隐藏着多少的艰辛与失败。从逻辑学来讲，"失败是成功之母"中的"失败"和"成功"都属于肯定概念，属于形式逻辑的一种。

在生活中，成功不是生活的常态，失败才是随时伴随我们存在的。否则，那些"发明家""科学家"的美名岂不轻易地落到每个人的头上去了？纵观历史，不难发现那些伟人之所以成功，是因为他们能够正确地对待自己面对的挫折和失败，在失败面前，他们从来不退缩，而是选择一次次地尝试，不断探索。一次成功的背后要经历无数次的失败，这就需要我们拥有敢于创新的思维和坚定的意志。

众所周知，伟大的发明家爱迪生的成功是建立在无数次失败的结果之上的。他一生的失败更是不计其数。他每每从失败中都能吸取教训，总结出经验，从而为成功打好基础。失败固然会给人带来痛苦和伤害，但是也能让我们有所收获。

一位学者在接受采访的时候，说道："我今年已经七十多岁了，我为了做学问，每年都会遭受各种质疑，也会经历各种失败。但是我觉得自己是幸运的，因为我能通过失败找到自己的成功之路。"

的确，一个人的失败其实是为成功打基础的，而一个人的成功正是失败的最好总结。然而，在现实中成功并不是失败的不断积累。如果我们认识不到这一点，便会导致"失败越多越成功"的荒谬结论产生。比如在我们刚开始学习古筝的时候，可谓一窍不通，每天的练习也是十分痛苦的，但只要我们始终坚持，每天将弹不好的音符进行逐个分析和理解、总结，然后反复地进行练习，我们就会发现弹古筝也并不是那么难的事情，由此可见，"失败是成功之母"是一条客观规律，但失败到成功地转变是需要一个过程的，同样，在这个过程中，需要我们不断地进行分析和思考，从中吸取教训和经验，指导我们今后的学习和工作，这样才算没有"白白"的失败。因此，我们在生活中，要建立持久的逻辑思维，保持理性。其实，在生活中，并不是我们不能实现成功，而是因为我们缺乏成功思维。

成功思维是理性的，而非感性的。我们看到有些人在失败之后，一度消沉，他们只看重自己失败的结果，根本不透过失败去找原因，这就导致他们不会实现成功。

失败并不可怕，可怕的是无法树立起坚定的自信心，我们只有从失败中看到希望，才能走出失败，也才能从失败后获得成功。

在现实生活中，我们应该一直坚持"失败是成功之母"的思维，不断地鼓励自己，让自己成为一个不断上进的人。没有失败就没有总结经验的机会，没有失败就没有促使我们前进的动力。

法国小说家小仲马在年轻的时候，将自己的文章投稿到很多出版社，最终都被退稿了，但是他不自暴自弃，也从来没有抱怨过，他只是从中吸取教训，不断地提升自己的写作水平，最终，《茶花女》一经发表，便轰动欧洲文坛。

著名的导演、演员史泰龙，在成名之前，有过一段灰暗的经历。

他满怀期待地带着自己的剧本拜访了数百家电影公司，但是都被拒绝了。他并没有气馁，一次次地尝试，最终被一家公司接收，最终电影《洛奇》拍成后大获成功。

肯德基创始人山德士发明的炸鸡配方被很多家公司拒绝，他尝试了无数次，最终被一家食品公司认可，最后才创造了如今的肯德基。

这样的案例还有很多，我们看到的可能是他们成功之后的样子，却很少看到他们成功之前的样子。因为人们都希望看到成功的喜悦，不希望看到失败的无助。

我们的一生中要经历无数次的失败和痛苦，从而才会形成我们手里的财富。当然，成功的背后是巨大的努力。一个不懂得努力的人是无法实现成功的，同样，一个不懂得量变改变质变的人，也是无法实现成功的。

有人将失败定位为"量变"，认为失败多了，达到了成功，就是实现了质变，这是某一部分人的成功逻辑。在生活中，我们对待成功的认知和评判是不一样的。比如，一个什么样的人才算是成功？或许你认为钱财和权力代表一个人是否成功，其实不然，成功是一种自我愿望的实现，只要自己认为愿望已经实现，那么他就可以定位自己的成功。

在我国古代西晋时期，文坛中，成就最高的诗人要数左思了。他创作的《三都赋》名噪一时，流传至今，仍被人们传诵。

然而，左思并非从小就是"良才"，相反，他小时候智商很低，连话都说不清楚，学习成绩也很一般，根本没有任何的过人之处。随着年龄的增加，他开始树立自己的志向，他决定写一篇赞颂魏、蜀、吴三国都城的文章《三都赋》。

这个消息传出后，很多文人墨客都嘲笑他，说他是哗众取宠。就连当时著名文学家陆机都讥讽他说："真是不知天高地厚啊，等你写成了，也只配给我盖酒坛子罢了！"

　　左思听了没有反驳，也没有生气，而是淡淡地一笑，然后暗下决心，一定要写成《三都赋》，要让这些嘲笑自己的人后悔。于是，他开始广泛阅读，深入调查，大量收集有关三国都城繁荣昌盛的相关资料。

　　准备工作就绪，他关上了房门，专心地开始构思和写作。那段时间，他就像入魔了一样，将家里所有的地方都放上了纸张，无论什么时候自己想到一句好诗，他都会记下来。就这样，他熬过了十年的严冬酷暑，通过多次修改，开始专心著书，终于，他的《三都赋》问世，并被人们广泛阅读。过去曾讥讽、嘲弄过左思的陆机读了《三都赋》后，既对自己曾经的行为感到愧悔，又毫不吝啬地对《三都赋》大加赞美，佩服得五体投地。

　　左思在别人的冷嘲热讽中，学会低下头做事情，他不怕失败，最终，实现了自己的目标，成功地赢得了别人的尊重，这是左思的成功逻辑。在现实生活中，我们也应该学习左思这种不怕失败的逻辑思维，不怕失败的人能具备成功逻辑，能获得自认为的成功。

钱财如流水，关于财富思维

俗话说得好："钱财如流水，流去还流回。"钱如流水，单纯看字面意思，其实就能明白，有得有失，不必太过于计较。说到钱财，必然要提到财富。什么是财富？有的人说拥有无数的金钱，便是获得了财富。其实，不同的人对财富有不同的理解。曾经一个医生说："对病入膏肓的人来讲，财富就是生命。对一个乞丐来讲，饭菜就是财富。对一个读书人来讲，书本就是财富。"这位医生的话其实就是他对财富的理解和思考。

要提到财富思维，必然要了解一种思维方式，即换算思维。换算，无非就是计算我们拿出了什么，拿出多少来投入，从而得到更大的收获和成果。换算思维是获得财富的惯用思维，其重点在"换"，更在于"算"，算明白了才愿意去换，敢于去换，才敢于去投入，才敢去送，这就是换算思维之于财富的意义。

人的追求不同，对财富的理解也不同。当然，我们要说的是金钱，因为大部分人会将钱财当作财富。在生活中，如果一个人将钱财看得太重，就会出现怎样的状态呢？

在《儒林外史》中，描绘了一个胆小有钱的人，名叫严监生。严监生在临终之际，伸着两根指头就是不肯断气，围在他周围的亲人都上前猜测他究竟是什么意思，但是没有作用。最后还是妻子赵氏走上前对他说道："爷，别人说的不是你想的，我明白你的意思。你是为那灯盏里点的是两茎灯草，恐费了灯油，我去挑掉一茎就是了。"直到赵氏挑掉一根灯草，严监生才咽了气。

地主所看重的是钱财，他将钱财看得比生命都重要，因此，他变得吝啬、自私。在当今社会，很多人将钱财看得比生命还重要，因此，他们会做出一些伤天害理的事情，甚至会做违法的事情。这样的人往往犯了功利谬误，同时这样的人眼界比较狭窄，不懂得用长远思维看问题。

我们要避免犯逻辑谬误，就要看清楚钱财的本质，那么，钱财的本质到底是什么？我们经常说，钱不是万能的，但是离开了钱万万不能。在生活中，离开了钱什么事情也做不了，甚至最基本的衣食住行都无法保证。尤其是在大城市，坐车、吃饭、睡觉都需要花钱。没有钱根本无法生活。虽然钱财对于生活十分必要，但是也并不是万能的。从本质来讲，钱财属于中性的，虽然很多人为了钱财做出很多不合理的行为，但是我们不能说钱财是丑陋的，也不能说钱财是善美的。在唐朝时，有一位名叫张说的政治家，他在自己的著作中写道：钱财既不是好东西，也不是不好的东西，如果人们用好了，就像草药一样可以治病，如果用不好，它就变成毒，会伤害生命。

因此，钱财并不是有些人口中说的"非常了不起"，也不是人们口中的"臭钱"。对于善于用逻辑思维分析的人来讲，他们不仅能正确地看待金钱，还能树立正确的金钱观。他们能够通过辩证思维去分析金钱的好与坏，从而明白财富的真正意义。

我们生活在社会中，财富对我们来讲，不仅仅是金钱。我们的朋友、工作、人脉、亲情都是我们所拥有的财富，而金钱只不过是众多财富中的一种。

有人说自己没有财富，只不过是这些人看不到自己拥有的一切，他们眼中、大脑中，看到的只有别人的财富，而这些财富对于别人来讲，未必是财富。

　　一位商人和一位医生在聊天，商人有万贯家财，但是因为长期酗酒，身体严重透支。这天商人找到医生，对医生说道："我真羡慕你，你虽然每天上着班，但是你是医生，你身体很好，起码自己身体有什么异样的时候，你能给自己简单做诊断，你的医术就是你的财富啊，而我却没有拥有你这样的财富。"

　　医生听后，说道："你是一个成功的商人，在这座城市里，你的金钱足够买下一般的楼房，恐怕没几个人能超过你的钱财的数量，你拥有这么多的财富，是多少人羡慕的，而我一个月收入恐怕还没有你家保姆的收入多。"

　　这个时候，上帝听到了商人和医生的对话，承诺他们可以互换身份。就这样，商人变成了医生，医生变成了商人。过了大概两个月的时间，两个人再次找到上帝，要求上帝将自己变回来。上帝问商人为何不想当医生，商人回答："每天我要上至少八个小时的班，要不停地工作，有的时候中午连饭都顾不上吃，到了月底，挣的钱还不够我买一身衣服，我还是觉得当一名商人比较好。"听了商人的话，医生也说道："当商人一点也不好，每天要陪客户喝酒、应酬，公司也有一堆的事情要处理，虽然有钱，但是根本没时间去逛街，两个月我感觉我的胃都要被酒精烧坏了。"

　　最后，医生又成了医生，商人当回了商人。

　　通过商人与医生的故事，可以看出，在一开始，商人认为自己的金钱已经不是财富，而医生健康的身体则是财富；而医生认为商人的金钱是财富，自己却没有足够多的金钱。在生活中，我们也经常羡慕别人的生活，我们认为别人拥有我们所不拥有的财富。其实，我们每个人都有属于自己的财富，不一定是金钱，只是我们没有发现而已。

我们常说："知足常乐。"一个不知足的人，往往看不到自己手中已经拥有的"黄金"，他拿着"黄金"却羡慕别人拥有"白银"。而一些有钱的吝啬人，则是将金钱看得太重，成为金钱的奴仆，任由金钱摆弄他的内心。这样的人不懂得发现逻辑谬误，也不懂得如何建立自己的价值观和人生观。

我们不仇视金钱，但是也不能过分推崇金钱。在物欲横流的社会中，太多的人为了金钱迷失了自我，失去了自己的梦想。如果你走在大街上，问路人有何愿望的时候，恐怕有一大半人会说自己的愿望就是变成有钱人，拥有无尽的金钱。当一个人将自己定位为赚钱的工具时，他的眼里只有金钱，金钱在哪里，他的信仰就在哪里，他的心就在哪里，这样的人往往是自私的、唯利是图的。

一个优秀的人，往往能够正确看待金钱，所谓"君子爱财取之有道"，既不奢靡也不吝啬。同样他们对待财富，能够运用财富思维去处理眼前得失与成败。他们不会怨天尤人，也不会为达目的不择手段，他们会用换算思维去明利弊，悟得失，进行全面分析，让自己感受到生活的幸福与快乐。

双赢思维，做自私的好人

什么是双赢思维？所谓双赢，从字面来讲很容易理解，就是指合作双方，都能够获得利益，不是此消彼长，也不是两败俱伤。双赢思维来源于博弈论思想，这种思维的对立面就是"零和博弈"，即非胜即败，非强即弱。比如，下棋、球赛，等等。

提到双赢思维，自然要先了解"合作"。合作，对于我们来讲并不陌生，因为在工作和生活中，我们都需要合作。在家庭中，我们需要与其他家庭成员一起合作，才能将家庭经营得更加幸福。在工作中，我们要与同事、队友一起合作，才能更高效地完成工作任务。那么，合作的本质是什么？

合作是人与人、人与群体、群体与群体之间为了达到某种共同的目的，彼此相互配合的一种联合行为、方式。可见，合作的对象是他人，合作是一种社交行为。

孟子有云："天时不如地利，地利不如人和。"可见，合作是交流的纽带，代表着一种和谐与默契，更代表着一种荣誉和决心。在当今社会，既有竞争又有合作。因此，合作具有了很大的社会价值，没有一个人能脱离社会群体而存在，人与人之间需要相互融合、和谐，更需要相互帮助和配合。良好的合作，能够让我们在困难面前找到解决方法，从而克服艰难险阻。

合作并不代表我们不能维护自己的利益，也并不代表我们要放弃自己的目标。合作的过程中，我们会发现，我们的利益与团队的利益是相契合的，也就是我们的利益与团队利益是不矛盾的。个人的目标与团队目标也是重合的，我们可以以合作的方式来实现团队目标，同时，也顺便实现了自己的个人目标。因此，合作的本质允许我们做自私的好人。

在古代，有一个农夫，他一共有八个儿子，男孩本身比较调皮，八个男孩在一起更是调皮，经常会相互打闹争吵，农夫很费心。

随着八个儿子的长大，农夫渐渐变老，儿子们虽然长大了，但是还是经常吵吵闹闹，农夫为此日夜担忧。

有一天，农夫的八个儿子又在吵闹，农夫实在没办法，只好去请教村里最有学问的长老，希望他能帮助自己，想到好的办法来让儿子更懂事，不再愚蠢地吵吵闹闹。

长老是一个有智慧的人，村子里谁家有解决不了的问题，都会来向他请教。长老让农夫将八个儿子都叫到一起，然后他取出八根筷子，一根一根地分发给八个人，说道："你们要用力将自己手里的筷子掰断。"

"这不难，这么细的筷子，轻轻用力便能折断。"八个孩子嘲笑地说。果然，八个人都将手中的筷子折断了。

长老并没有露出生气的表情，又拿出八根筷子，这次他用绳子将8根筷子牢牢地捆绑在一起，并说道："那么这次呢，你们谁能将这一捆筷子折断？"

最大的儿子抢先拿过筷子，两只手用力使劲，没有折断。然后，每个人都来尝试，他们都竭尽全力，脸都涨红了，还是无法将这捆筷子折断。

长老语重心长地说道："孩子们，你们明白我的用意吗？你们整天争论不休，你们只考虑到了自己，根本不去考虑其他兄弟，更不去考虑自己年迈的父亲。细细的一根筷子很容易被折断，而8根筷子'团结'在一起便很难被折断。团结的力量是很强大的，不要因为自己的自私，让你们年迈的父亲担忧了。"

这番话让男孩们明白了团结的力量，也让他们意识到自己以往的行为是多么不可取。他们轻声地相互道歉，然后向父亲道歉，并保证以后再也不会让父亲担心。

上面的例子中，八个男孩开始不懂合作，天天吵闹。是不是像极了现实中的我们，我们会因为私利和同事争吵，会为了自己与家人争吵。其实，争吵的背后是什么？一个懂得合作的人会看到合作的价值，而一个不懂得合作的人，看到的只有自己的价值。

双赢思维的建立要依托社会交际，自己与自己是无法合作双赢的。当然，合作的本质是目的的相同性，我们只有拥有相同的目的，才能实现合作。当然，也许我们出于本心是为了达到目的，为了自己的利益才选择合作，这无可厚非。那么，如何利用双赢思维达成合作呢？

1. 了解对方的信息与价值判断。

比如，有一盘子饺子，两人都想吃，甲吃了，乙就没办法吃了，这就是零和博弈。而如果甲喜欢吃饺子皮，乙喜欢吃饺子馅，两人合作，都能吃到自己想吃的部分。

2. 做增量，分大蛋糕。

比如一名员工想要增加工资，团队负责人知道如果不同意他的要求，他可能会辞职，如果同意，其他人势必也会要求加薪。团队负责人可以运用增量思维，只要这名员工业绩达到多少，便给其提成，这样增加奖励的方式，既满足了员工的需求，企业也会获得更多的价值。

随着社会的发展，人们越来越追求个性，很多年轻人为了彰显自己的与众不同，他们不愿意与其他人进行合作，认为自己完全可以搞定一切。其实这样的思想是相当愚蠢的，没有人不需要别人的帮助，也没有人可以离开社会上的人。

年轻人独自去旅游，在路上遇到了三个自驾游的人。这三个人邀请年轻人加入他们，因为他们的目的地都是前面那座高山的山顶。

年轻人认为自己登山经验丰富，对他们的建议不屑一顾，认为他们只会成为自己的累赘。不料，在登山的过程中，年轻人不小心扭到了脚，没过多大一会儿，脚踝又肿又疼。此时，他已经爬到了半山腰，即便下山，也需要很长时间。这一幕被另外三个人看到了，三个人搀扶着年轻人一直向上爬，其中一个人还在山路上采摘了草药，用石头磨碎草药，帮他治疗肿痛的脚伤。最终，他们四个人一起到达了山顶。四个人一起野餐，一起看日落日出。

第二天，年轻人的脚不再那么肿痛了，他意识到自己当初拒绝三个人的邀请是多么愚蠢。

在生活中，我们经常会拒绝与人合作，尤其是在工作中，我们会认为自己一个人足以处理好工作任务，没有必要与其他人一起合作，殊不知，这种自以为是，会让我们变成孤家寡人。

善于与人合作的人往往是逻辑思维强的人，他们知道合作思维的重要性，也明白合作的意义是什么。当然，合作是存在一定前提的，首先要有共同的目标，如果我们与合作对象的目标不一致，那么就会出现分歧，甚至会影响我们既定目标的实现。因此，在确保目标一致的前提下，我们可以与他人展开合作，从而高效率地实现目标。

团队合作越来越被当今人们认可，甚至会被有些企业当作必备的素质。我们要充分利用每个成员的能力，利用每个成员的优势，只有这样我们共同的目标才能实现，我们的合作思维才更有意义。

常识并不一定符合逻辑

什么是常识？常识是我们对生活现象的一种总结，再次出现类似的现象时，我们能够以同样的思维进行思考，为大脑找到一种解决同质问题的捷径。我们可以说，逻辑思维基于常识，但绝非等同常识。如果我们将思维单纯地定位于常识，那么我们的思维就存在一定的局限性。

我们在日常生活中，会接触到很多常识，不难发现逻辑思维的出现归根于常识的某一方面，因此，逻辑思维出于常识，却又高于常识，但并不是所有的常识都符合逻辑。我们不能单纯地依靠自己掌握的常识来对所有事物的思考，否则思维将变得局限和片面。同样，存在的常识也并不一定完全符合逻辑。比如，在生活中，有小面积烫伤的时候，人们习惯涂上牙膏，认为这样能够治疗烫伤，缓解疼痛。虽然部分牙膏能够起到这样的效果，但是并不是所有牙膏都有这方面的作用。

在生活中，人们希望通过便捷的方法来解决自己遇到的所有事情。因此，很多人会认为利用常识进行思考是最为节省时间的思维方法，但是跟着常识去思考的局限性也是很大的。

1. 常识会起到误导作用。

随着社会的发展，互联网信息化的进步，人们在网络上能够看到各种各样的信息，同样，很多常识所传递出的信息不一定是正确的，但是广泛传播之后，会被人们普遍认为是正确的。比如吃剩饭容易致癌，所以人们选择倒掉所有剩菜剩饭，殊不知，有些食物过夜会产生致癌物，而有些食物却不会。

曾经有这样一篇文章，其中写道："大量吃苹果对口腔疾病的预防是有效的，原因是苹果中富含一种纤维质，这种物质对清洁牙龈有很好的作用。另一方面，吃苹果后不漱口，会导致蛀牙的发生。"

吃苹果对人的健康有很多好处，这点是我们所知道的，如果说吃苹果有助于防治口腔疾病，姑且我们也接受，但是吃苹果不漱口会诱发蛀牙，这句话恐怕就会对人们产生误导。要知道，并没有任何一项研究表明这个观点是正确的、合理的、科学的。如果说这种极其普通的食物都能够导致蛀牙产生，那么我们吃什么食物不会导致蛀牙呢？如果我们将这则信息当作一条常识，那么势必会误导日常思维和行为。

2. 有些常识虽然被人们认知，但是人们无法遵照执行。

错误的常识本身对我们是不利的，但是对于符合逻辑的常识，又有多少人去遵守了呢？比如，我们都知道早睡早起身体好，熬夜对身体不好。但是随着人们生活压力的增大，有多少人晚上工作到十二点，他们知道熬夜不好，却又无法拒绝熬夜。这样的现象有很多，难道这些人不知道这些生活常识吗？当然不是，只不过他们无法遵照这些常识来约束自己的行为而已。

3. 某些常识没有科学性可言，本身就犯了逻辑谬误。

虽然常识是人们在生活中的一种总结，但是这些常识也会过时。随着人们的思想水平提高，或者是知识水平的提高，对某些错误的常识有了新的认知，虽然常识被人们知晓，但是人们已经认识到这些常识的逻辑谬误，人们便不再遵照这些常识去办事。比如，人们说睡觉之前喝一杯牛奶，这有助于睡眠。但是从另一方面来讲，睡前喝牛奶会加重肠胃、肾的负担，长此以往，甚至会影响肾功能。因此，许多人不再睡前喝牛奶。

很多常识是人类根据以往经验的一种总结，因为经验并不一定是通用的，所以常识也并不一定通用，这就是常识本身所体现出的局限性。正是因为常识具有局限性，我们做事情也不能完全依靠常识进行判断。毕竟，随着科技的发展，人们对于以往不了解的事物，可能会有新的认知和了解。由此可见，常识或许会被人们认知，但是不能称之为合乎逻辑。

第七章

逻辑学实操课:
生活的迷幻阵困不住你

沟通：逻辑让你会说又会听

逻辑思维强的人给他人的第一感觉就是善于沟通，那么，什么是沟通呢？沟通通常指的是人与人之间或者个人与群体之间的交流、交际，而交流的内容并不单一，可以包括思想和情感的信息传递，目的就是保持思想的一致性，保持情感通畅。在生活中，良好的沟通对我们的社交是十分有帮助的。同样，缜密的思维是构建良好沟通的重要因素之一。

沟通是一门智慧。在生活中，我们每天都会遇到各种各样的人，应付各种各样的事情。当一个人找到了有力量的逻辑结构时，他说的话往往是别人喜欢听的，他说出的话很少得罪人。那么问题来了，我们要如何找到有力量的逻辑结构呢？

这就需要提到一个理论，即金字塔理论。这种理论能够帮助表达，避免思想混乱，保持理性的思考模式。这个理论的研究者是一位女性咨询顾问，她发现人们一般从金字塔底端向上思考，但表达时，却需要沿着金字塔自上而下进行，这能帮助我们梳理、提炼逻辑结构，从而让我们的沟通效率更高。

如果将金字塔结构要点进行归纳，会有以下三个方面：

1.高一层的思想观点是对低一层思想观点概括。

2.每层思想观点同属一个范畴。

3.每组思想观点都符合逻辑顺序。

金字塔理论可以帮助我们实现更有逻辑的沟通，这也是很多善于沟通与交际的人，常表现出的思维路径。

梁玉刚作为企业老总的司机，他不仅要了解老板的脾气，还要善于沟通，因为公司上上下下的人都希望能够通过他了解到老板的行踪和信息。

这天一早，市场部总监便找到梁玉刚，说下班请他吃饭，他自然知道对方请自己吃饭的目的。他肯定是希望了解老板对他的态度，毕竟在过去的半年里，他的业绩不达标。他听人事部门说老板有招聘新人的打算，他害怕自己职位不保。

梁玉刚明白，如果自己直接拒绝他的饭局，肯定会让他不高兴，如果不拒绝，在饭桌上，他肯定会问及一些关于人事调动的事情。

梁玉刚作为老板的司机，经常下班了还需要在公司"待命"，因为有的时候老板会需要去应酬。眼看下班时间到了，市场部总监跑过来，示意他下班了一起出去吃饭。梁玉刚将他叫到休息室说道："王总，今天得等老板，他说这两天都可能要见客户。我不敢私自下班，咱们下次再喝酒，下次我请您。"

市场部总监听了说道："那我等你，他如果不用车，咱们就去喝酒。"

"这时间可没准儿，上次我等到十点，老板才让我回家。"梁玉刚解释道，"没关系，咱喝酒随时可以，您有事儿随时招呼我一声就行。"

"我是有点事儿想了解一下。"市场部总监说道。

"什么事儿，您尽管说。"梁玉刚说道。

"就是关于人事调动的事儿。"市场部总监轻声说道。

"这个您应该问人事经理啊，说真的，老板在车上还真没说过这个事儿，您想我是一个司机，他顶多跟我说一下客户的事儿，他还真没说过人员调动的事儿。"梁玉刚解释道，"您别担心，您是老员工，老板不会有什么想法的，只要咱们尽力做好工作，老板也不能说什么。"

市场部总监听了梁玉刚的话，似乎心情平复了。

梁玉刚在应对市场部总监的请客时，他通过自己的逻辑思考，能够准确地意识到销售总监宴请自己的目的，而自己作为一名司机，保守老板的秘密是自己的职业操守。他既不能得罪市场部总监，也不能泄露老板的秘密，这就需要他运用逻辑思维去应对这个问题了。

思维缜密的人能够处理好自己与他人的关系，同时，能够用恰当的语言来与人交谈。那么，对社交来讲，逻辑思维究竟能够起到怎样的作用呢？

1.事先做好推理。我们在与人交往之前，要先思考对方的目的是什么，自己的目的又是什么，然后进行合理的推理。推理的过程其实也就是为这次沟通做准备的过程，这样能够避免在与他人沟通的过程中，遇到我们无法回复的问题，导致尴尬产生。

众所周知，某访谈节目主持人的主持风格十分犀利，一名演员受邀去参加节目采访，去之前为了避免出现尴尬，他推理主持人可能会问到的问题，然后做了演示，避免在访谈直播的过程中，出现不理智的回答，也避免自己的回答让对方感到尴尬。

2.逻辑思维让我们学会聆听。聆听是交流的一项基本技能，我们不仅要善于表达自己的思想，更要善于聆听他人的思想。只有聆听别人的思想，才能帮助我们去建构自己的思维，做出恰到好处的回应。

在与人沟通的过程中，我们不仅要向对方传达自己的正确思想，更重要的是接受别人思想意识。一个善于聆听的人，才能成为一个合格的社交人。如果我们只懂得表达自己的思想，不懂得去聆听别人的思想，势必会让我们的沟通失去意义。

张晓晓作为公司的一名销售，她每天要面对各种各样的客户。无论客户提出什么样的问题，她都能很好地给予解答。同样，在客户表达自己思想的时候，张晓晓总是能够认真倾听，了解客户的需求，了解客户的疑惑。

3. 在沟通中，逻辑思维能帮助我们辨别是非。人与人交往必然涉及很多大是大非的问题。如果我们没有清晰的逻辑，很容易被他人的思想所误导，因此，逻辑思维是我们在社交中的一杆秤，能够帮助我们分清是非，掌握真理。

社会生活中，不乏一些社交能力强的人，这些人总是能够成为别人的朋友，我们研究这些人会发现，他们不仅能说别人喜欢听的话语，更能听别人要表达的话语。这样的人，我们称之为高情商的人，而情商是离不开逻辑思维做支撑的。

不善于沟通的人，往往会将原本的好事说成坏事，聆听别人的话语，也很容易产生误解。同样，善于逻辑思考的人，能通过沟通的方式，将原本的坏事情，表达得不是那么坏。因此，我们要善于运用逻辑思维，建设更好的社交关系。

人是社会中的人，这就意味着我们每个人都离不开社会中的其他人，我们需要与他人建立联系。我们不可能脱离群体，单独存在。因此，我们要锻炼自己的沟通能力，不仅要说别人想听的、爱听的，更要听别人所说的合理的、不合理的。当然，并不是每一个人都是善于沟通的，也并不是所有人都能拥有高情商，只要我们掌握了逻辑思维，我们便能够做到先思后行、先听后说。在与人交流的过程中，我们会发现自己的社交能力会有很大的提高。

社交高手往往拥有缜密的逻辑思维，他们能洞察别人的内心世界，同时，也能够通过聆听别人的言语来了解别人的目的和意图。他们擅长用合理的言语说出话语，让每个人都能明白自己的意图是什么，从而选择更为适合的交流方式，达到情感沟通的目的。

工作：逻辑让你做事高效

在社会发展迅速的今天，人们习惯用速度来衡量一切。不管是我们做事情的速度还是我们工作的速度，似乎都是人们追求的，就连吃饭，人们也开始点外卖、吃快餐，似乎这样做才能让吃饭变得高效。我们暂且不去评论这种追求速度的思维是否合理和正确，我们要说的是逻辑思维能力的提高，的确能够让我们做事的效率提高。

在《教父》这部电影中，有这样一句话：花半秒钟就看透事物本质的人，和花一辈子都看不清事物本质的人，注定是截然不同的命运。这句话充分说出了"高效思维"的重要性。任何事物的发展，都需要依靠其内在的推动力量。毋庸置疑，逻辑就是这种推动力的引擎。在现实生活中，很多人工作低效能、瞎忙活、白忙活，关键性的问题就在于没有在大脑里建立起逻辑框架的意识。

高效，既强调时间短，又强调做得好，也就是既快又好。毋庸置疑，这是大部分人都向往的做事方法。无论是企业还是个人，都希望自己能够高效地完成工作任务。那么，为什么建立起逻辑框架能够让我们做事情的效率提高呢？

首先，逻辑是因事而异的，构建的逻辑框架也是各有不同的。每个事物之间的内在规律是不尽相同的，如果我们试图用一种方法或手段去解决所有的问题，那肯定是行不通的。因此，逻辑具有因事而异的性质，正是这点，让我们看到事物之间的差异性，我们建立起来的逻辑框架会不同，从而找到的解决问题方法也就不同。

其次，逻辑框架是具有创新性的。我们人的大脑随着阅历的丰富，思维逻辑也会不断丰富，我们掌握的逻辑方法也会越来越多，这就意味着我们的思维具有了创造性。当我们在工作中遇到了困难的时候，我们可以利用逻辑思维的创新性，找到新的突破点。思维的突破点不同，我们的逻辑框架也就不同，这样一来，我们的困难也就会迎刃而解，做事情的效率也就自然而然地提高了。

再次，逻辑思维具有系统性。逻辑思维不仅包含很多逻辑方法，还包括很多逻辑理论。我们在思考问题的时候，不仅思考问题本身，还会对整个问题的前因后果进行思考，而这个过程就是我们对工作全面认知的过程。一旦我们对工作有了全面的认知，自然对工作就有了很好的了解，也就能够加速问题的解决和任务的完成，

最后，逻辑框架具有真实性。我们进行逻辑框架建立的前提就是事实的存在，也就是我们工作本身。正因为工作的真实性，我们建立的逻辑框架也就是我们行为的方向、目标。当我们认清了目标，我们要做的一切都会直冲目标。因此，我们的行动具有了目标性，工作效率自然会提高。

公司要做一项社会调研，主要是针对客户进行的。要进行客户调研，必须多人一起合作完成这项任务。

小孟就是调研团队中的一员，领导给他分配的任务就是根据产品特点，制作调研试卷。因为小孟从来没做过调研活动，对要出什么题来让客户解答，感到十分头疼。

小孟根本不知道如何下手，此时，在一旁的小周根据自己多年对

客户和产品的了解，建议小孟先从产品特点和客户入手。

　　小孟通过思考，决定先对产品进行全面的了解，因为公司产品款式很多，所以小孟每天都会与技术部门沟通、了解。在了解完产品之后，小孟对产品有了全面的认知。紧接着，他开始对接市场部，了解客户的特点和平时的问题反馈。

　　就这样，小孟用了一个星期的时间，便将调研题做了出来，领导夸他办事效率高。

　　在工作中，我们几乎每天都需要运用逻辑思维进行思考，通过逻辑思维我们能够找到适合自己的做事方法，同时也能够通过逻辑思维找到处理问题的捷径。

　　那么，在工作中，逻辑思维是如何提高工作效率的？

　　1.逻辑思维能够对工作任务进行拆解。

　　我们知道，有时候工作任务是很复杂的，如果我们不进行任务拆分，恐怕很难完成工作任务。因此，逻辑思维能够帮助我们进行任务的拆解，一个小任务、一个小任务地去实现和完成。比如，我们要想完成年度销售目标。那么，我们可以将目标进行拆解，分配到每个月中，先去完成每个月的月度销售目标，这样就能够让我们实现年度销售总目标。

　　2.逻辑思维能够让我们对工作有整体的认知。

　　很多人之所以在工作中出错，是因为他们不会全面认知工作，只是看到了工作的一个方面，却看不到全部方面。比如，小李接到领导的要求，要做一个文案策划。但是小李不擅长写策划，于是她只能在网上找到一个方案模板，然后形成自己的方案后交给了领导。领导看后十分生气，因为这个方案与公司项目不契合，方案的可操作性不强。领导让小李先去了解项目，之后，小李开始了解项目，又与相关部分进行沟通，在全面了解了项目整体之后，她开始重新做方案策划，这次她的方案得到了领导认可。

3. 逻辑思维能让我们更加了解自己。

所谓知己知彼，百战百胜，只有了解自己之后，我们才能利用自己的优势去做自己擅长的事情。工作也是如此，只有我们真正了解了自己，才能在工作的时候做得更好，工作效率也就会提高。

每个人都不可能是完美的，我们每个人都有思维的缺陷和行为的缺点。正因如此，我们才要借助逻辑思维，了解自我的优势和劣势，扬长补短，这样做事情的效率才会大大提高。当然，在生活中，我们看到一些人工作效率的提高似乎是借助了外部力量，而这种借助外部力量的方式也是一种逻辑思维模式。

我们每个人都生活在社会中，每个人都有自己的思考方法，成年人的世界里离不开工作，我们提高工作效率无非就是为了实现自我价值。这就需要我们拥有缜密的逻辑思维，一个善于运用逻辑思考问题的人，能看到工作的重点问题是什么，解决了重点问题，自然有助于完成工作任务。有人说，自己的工作是一成不变的，这样的工作根本用不到逻辑思维，其实大错特错，当我们的工作是重复性的，我们更应该利用逻辑思维，找到工作的技巧，从而提升工作速度，达到高效工作。

理财：逻辑帮你辨别投资陷阱

人们只有等到用到钱的时候，才会发现钱是最大的底气。但是此时，我们往往面临着很多问题，比如，挣得多花得多，挣多少花多少，成为名副其实的月光族。我们对自己的金钱是否有规划性，这关系到我们的生活质量和品位。

你或许会感到困惑，逻辑和理财有什么关系？看似表面没有任何关系，但是其内在还是有一定关系的。一个逻辑思维不强的人，很难做好理财，因为他们不懂如何去理财，而一个擅长理财的人，往往逻辑思维比较强。从另一个方面来讲，理财的方式有很多，一个擅长逻辑思维的人能够找到适合自己的理财方式。

随着人们生活水平的提高，很多人手中都有了一些积蓄，他们希望用一部分钱做投资，或者做一点小生意。很多不法分子正是看准了这一点，他们会利用人们不懂投资的心理，进行骗钱等不法行为。而逻辑思维强的人，往往能识别对方的阴谋诡计，避免上当受骗；而逻辑思维弱的人，不懂得如何去识别不法分子设置的陷阱，就会上当受骗。

曾经有一个所谓的理财培训中心，他们请了几个人来讲课，并声称是"专家"，于是，他们开始招学员，这些"专家"给学员讲授所谓投资理财方面的课程，与此同时，他们还怂恿学员们购买基金或股票，并说这些基金和股票能让他们获得高收益。于是，百分之八十的学员都按照"专家"的推荐购买了理财产品。不料，没有过几天，学员们发现这家培训机构倒闭了，而学员们这才意识到自己上当受骗了，很多学员赔得血本无归。

在生活中，这样的例子并不在少数。我们发现有些人的投资是盲目的，他们没有目标，也不懂投资，只是听别人说、用眼睛看，就毅然决然地去选择投资别人的项目。最终，自己的钱财付诸东流。

一个善于逻辑思维的人，在进行理财投资时，会怎么做呢？

1. 用系统思维分析投资行业。

我们知道，每个行业有每个行业的规则，这就需要我们具备系统思维，用全局的眼光去分析整个行业的前景与发展现状。同样，当我们踏入一个陌生行业的时候，我们需要关注的是整个行业的规则和发展前景。有些行业处于没落时期，这个时候我们就没有必要去投资。而判断是否处于上升时期的关键，就是我们的逻辑思维能力。一个逻辑思维强的人，他会通过调查、观看、分析等方式来分析行业的状态和前景，再决定是否要从事这个行业。

2. 用判断思维辨别科学性。

在逻辑思维中，我们知道有一种思维方法是能够帮助我们识别事情真伪的，也就是判断思维。我们做任何事情，都要有计划、有目标，而目标和计划得以实施的前提是计划是否科学合理，这需要我们用判断思维对事物进行识别。我们经常看到有些人为自己制定了某些投资目标，但是发现投资项目不合理或者不科学，从而导致投资失败或者深陷旋涡，这往往是因为在做事情之前没能识别出投资项目的不科学性。

3. 符合客观规律。

我们发现有些人希望走捷径，或者是获得暴利，也正是这个原因导致他们出现投资失误。无论是在什么时候、做哪个行业，都不可能有捷径可走。而善于逻辑思维的人懂得遵循客观事物发展规律，也明白什么事情该做，什么事情是不可能实现的。四两拨千斤的事情在理财方面是很难实现的。但是有的人认为自己能"一夜暴富"，所以才会陷入投资陷阱。

一个年轻人走进银行，他说自己要转账，于是，他在柜台取了号，等到轮到他自己，就听银行工作人员说："您要往哪儿转账？"

年轻人递给办公人员一张字条，上面是一串数字，银行工作人员按照经验分辨出这是一个银行卡号。

"您要转多少钱？"银行工作人员继续问道。

"10万元。"年轻人说道。

银行工作人员心中一惊，因为他遇到过很多这种转账的业务。

"请问您认识对方吗？"银行工作人员关切地问道。

"不认识，但是我要投资建工厂，所以要转给那边的合作伙伴。"年轻人说道。

"那您是去过那边，见过您的合作伙伴是吗？"银行工作人员继续问道。

"没有，不过我们聊了很长时间了，我也了解那边的项目，合作伙伴说那边有很多竹子，我们要建一个竹子加工厂，他有销路，我有资金，我们要做竹子生意。"年轻人喋喋不休地讲解着。

"是这样，我作为银行工作人员，有义务提醒您，转账要谨慎，尤其是给陌生人转账。"工作人员善意地提醒着他。

"我们虽然没有见面，但是聊很久了，我也相信他，他说了这个厂子投入10万元，到年底至少能收回来30万元的利润。"年轻人还在解释。

工作人员听了年轻人的讲述，以他的经验，这可能是一起诈骗事件。工作人员没有直接帮年轻人转账，而是将这件事情向上级进行了汇报。上级立刻联系了当地的公安人员，经过调查，对方的银行卡号的确是一个诈骗团伙的账号。

年轻人之所以会心动，是因为他看中了对方口中的"高回报"，他认为这是一个回报率很高的项目，值得自己去投资，然而，他从来没有过防范意识，也没有意识到对方是一个诈骗犯。如果不是工作人员足够的警觉，恐怕年轻人的10万元就要打水漂了。

作为一个成年人，最起码的逻辑思维是要具备的，尤其是在经商或者是投资过程中，如果遇到那种所谓的"一本万利""一夜暴富"的项目，一定要仔细思考，全面分析，千万不要因为想要走捷径的心理导致自己上当受骗。

正所谓"天下没有免费的午餐"，我们要进行理财投资之前，一定要运用博弈思维进行思考，要明白世界上没有轻而易举的一夜暴富，这些只不过是一些不法分子为了骗取钱财的手段。我们每个人都生活在社会中，逻辑思维能够让我们看清楚事物的真面目，从而避免上当受骗。因此，我们在投资之前一定要多思考，避免自己掉入他人设置的陷阱。

心态：逻辑让你处理问题更理性

人是思考的动物，更是理性的动物。思考离不开逻辑，逻辑更是理性的核心。从这个含义上来进行分析，不难看出，逻辑是人之所以为人的标志性特点。塔尔斯基则认为，逻辑的广泛传播能够加快人类关系的正常化进行。原因可以分为两个方面：一方面，通过逻辑，可以使概念的意义更加精确，这也就使得凡是愿意交流的人们都可以彼此很好地进行沟通；另一方面，由于我们思想工具的精确化，它能够使人们更具有批判性。因此，他们就不太容易因那些似是而非的推论误入歧途。

逻辑为什么能让人变得更加理性？因为它有助于人们坚定信仰、辨明是非，并且增进对话、消弭分歧，比如形式逻辑，就是让人明辨是非对错的一种逻辑。社会如果缺乏逻辑，就很容易走向动荡和混乱，产生不公和争端。只有社会充满逻辑，人们才能幸福地生活，才会对富有的人多一分理解，对贫困的人多一些尊重。社会变得有逻辑，我们便能更加尊重规则，崇尚道德。社会如此，人也是如此，一个人的逻辑能让他遇事变得更理性，不致感情用事，能让他摆脱语言的暴力、思想的暴力、行动的暴力……

俗话说得好"冲动是魔鬼"。我们暂且不说冲动有什么不好的后果，我们单说为什么人会遇事冲动。当一个人遇到某项刺激到自己的人或事时，他的大脑首先是定向的、不懂控制的。而逻辑思维强的人，他的思维是多方向的，能够吸收多方面的信息，考虑多方面的问题，从而克制自己的不理智行为、不理智的语言、不理智的思想。不理智说到底就是大脑中缺乏逻辑思维的管控，犯了逻辑谬误，其中最常见的就是犯了诉诸情感谬误，导致做事情冲动、语言不当等现象的发生。

一个懂得控制自己情绪的人是成熟的。而自我控制背后的关键是什么？关键就在于我们的逻辑，我们不能将一种逻辑思维当作遏制冲动、不理智的良药。要知道拥有理性的人，势必具备多种逻辑思维能力。他们在遇到事情之后，会去反复思考、全面地思考，甚至会思考冲动的利弊、理智的利弊。当他们意识到理性要更加有好处时，他们才会愿意去理智地对待一切。

小张再次辞职了，回到家中，妻子问他为什么辞职，他气愤地讲述了事情的经过：“原本部门有一个客户是我的，我都跟踪这个客户三个月了，今天客户来公司签合同，恰巧我带着另一个客户出去办事情。我们部门的王总就接待了我的客户，随后客户签约了，他却说这单的提成属于他。”

妻子问道：“你是不是觉得不公平，然后你就找王总理论了？”

“对啊，本来是我的客户，他凭什么和客户签约，即便客户签约了，那业务也该算我的，凭什么算他的。”小张气愤地说道。

“然后你是不是和王总吵架了？”妻子十分了解小张的脾气。

“我肯定要与他辩论啊，他吵不过我，说如果我觉得不公平，那就辞职。我心想，辞职就辞职，离了这家公司，还有别的公司。”小张说道。

“你肯定是当着其他员工的面和你们王总理论的。”妻子说道。

“是啊，当着那么多人，他还说那个客户签约本来是他的功劳，他真不讲理。”小张说道。

“这件事情，王总有不对的地方，但是你也有不妥的地方。即便你觉得王总做得不对，你也应该私下和他沟通，不该当那么多人的面让他下不了台。"妻子说道。

"你的意思是我做错了，对吗？"小张原本以为妻子会安慰自己，没想到妻子却这样说。

"咱先不说这件事谁做得对，谁做得错，你想想，自己是不是太冲动了？"妻子解释道。

"我是冲动了，但是我觉得错误在他。"小张终于意识到自己冲动了。

"是啊，他是错了，但是你这样处理事情，导致的结果是你辞职了，这家公司是你今年换过的第二家公司，在这里你才工作了三个多月。"妻子很无奈地说道，"我希望以后遇到事情，你能理智一些，起码能冷静一些。"

小张根本没有意识到自己表现得多么冲动，他只是想着这件事情是王总做错了，他急于去争个"你错我对"。最终的结果，却对自己一点好处也没有。从逻辑学来看，小张在遇到这件事情时，没有运用侧向思维去解决问题，同样，也不能用逆向思维去思考冲动行为的后果。

在现实生活中，我们每个人都可能会遇到这样的事情，不管我们是做错了还是做对了，我们都应该保持理性和冷静。因为理性思维能够让我们的大脑保持清醒，而感性思维只会让我们变得冲动、暴躁，做出一些不理智的事情。

理性思维能够让我们清醒地看到事物的本质，并且能够全面地看待问题。事物发生的原因不一定是单方面的，很可能是多方面的。在现实生活中，我们希望自己变得更好，也希望自己拥有更好的生活，只有保持理性，才能避免做出愚蠢的事情，才能避免做出伤害他人的事情。

从某个意义上来讲，一个容易冲动、过分感性的人往往内心是比较脆弱的，他们经不起挫折的摧残，也经不起别人的冷嘲热讽。因此，他们只能表现出自己的感性，他们不懂得如何去处理问题，也不知道如何去处理自己的情感，从而他们只能是冲动、暴躁、感性。而一个理智的人，他们的一言一行会受到逻辑的管控，当他们想要发火的时候，理性思维会化身为一个"天使"，在他耳旁说道："不能发火，你需要思考怎么全面地解决这件事情。"因此，理性的人会将解决这件事情变为自己的行动目标，而不是将发泄情绪当作自己的行动目标。

不管是从工作角度出发，还是从生活角度出发，我们都应该做一个理性的人，只有我们足够的理性，我们才能在遇到问题时，找到更科学、更合理、更高效的解决办法，也只有这样我们才能避免犯低级错误。没有人愿意成为别人口中那个冲动的魔鬼，因此，我们要学会通过逻辑来管控情绪，让理性来控制我们的行为，真正地成为社会中的强者，而不是情感上的弱者。

社交：逻辑让你成为交际达人

如果你想要成为社交达人，那么不妨先思考三个问题：

1. 你是否是一个善于沟通的人？

2. 你的社交逻辑是什么？

3. 你会竭尽所能去说服别人吗？

在工作、生活、社交中，我们总是会和不同职业、不同身份的人打交道，我们在和陌生人初次相遇的时候，我们会很紧张，甚至不善言辞。我们与每个人进行交谈的时候，都会遇到各种各样的问题。要应对不同的问题，就需要我们去认真思考，甚至是多思考，这就需要借助思维的力量，尤其是要运用发散思维，让自己的思维变得更加活跃，突破思维定式，只有这样才能应对社交中的各种问题。

在生活中，我们会经常看到一些"冷场王"，不管是参加同学聚会，还是单独约会，这些"冷场王"经常不说话，与他人也找不到共同的话题。这种不懂得如何沟通和表达的人有很多，之所以会成为"冷场王"，恐怕与他们不善逻辑思维密切相关。所以，想要交朋友，或者是扩大自己的社交圈，就需要与对方进行互动和共鸣，从而获得良好的沟通效果。

根据有关数据统计，百分之五十及以上的人，在与陌生人聊天的时候，会"蒙圈"，也就是大脑处于模糊状态，我们不清楚自己要表达什么，也不知道对方表达的目的是什么。而百分之六十五及以上的人，在与陌生异性聊天的时候，会产生紧张的心情，甚至有很多时候，我们的表达沟通能力不足，会导致我们心理和心态出现问题。

另一种现象是我们在与别人沟通的时候，总是试图让对方按照自己的思路去思考，去做事情，这种试图说服别人，让别人按照自己建议去做事情的后果是什么呢？其实，这是出于我们的逻辑思维。我们试图说服别人，就要保证自己思维足够缜密，逻辑足够清晰和具有说服力，而这些无疑是最基本的逻辑思维要求。

我们很清楚，要获得良好的沟通效果，需要良好的心态和足够的自信。而有些人在与人交往的时候，缺乏自信，这主要是因为他们觉得自己的价值比对方低，或者说自己没有对方"高级"，这样的人很容易犯逻辑上的预设谬误。这样的人总是担心自己说错话，或者担心自己的观点遭到别人的指责与批判，自己的要求会遭到对方的拒绝，从而产生一种逃离心态。再者，一个人如果长期处在封闭的空间，或者很少与外界的人进行交流，长此以往，就很容易导致社交能力和语言能力退化。

因此，我们要想成为社交达人，最应该具备的是良好的心态和足够的自信心，具有抗击压力的能力。这样才能有好的表现，同时，我们要对自己有一个客观理性的认知和评估，运用收敛思维寻找正确解决问题的办法。在交流过程中，保持平等包容、不卑不亢的心态，这样才能进行愉快的聊天。同时，我们要有意识地去扩大自己的社交圈，多表达和多锻炼自己的思维，提升自信心。

除了自信心之外，我们还要在聊天的过程中，调动气氛，在注意聊天内容和气氛的过程中，学会把握聊天的状态和惯性。

第一，我们在与对方进行交流的时候，不要刻意去找话题，大脑会高速运转，处于兴奋状态，自然而然就会浮现出话题。而过分紧张，反而不知道要说什么。因此，在与对方进行交流的时候，一定要保持轻松的状态，这样能够让对方感受到我们的情绪。

在聚会或者聊天过程中，话题主导者往往能够带动气氛，让对方也被其状态吸引。就像是广场中的音乐喷泉一样，游玩的人既享受湿身的乐趣，又享受音乐的美妙。

第二，在我们与对方进行交谈的时候，情绪和能量很重要，我们深有体会，当我们聊到激动部分时，大脑就会进入高速运转的惯性中，即便会说出一些没有营养的话，但是与对方聊天，依然会变得很流畅和热情。

其实，在日常交往过程中，比起信息的传递，更重要的是传递情感。对方很可能会不记得我们说了什么，但是会记得我们聊天的良好气氛。

乘坐飞机的乘客都已经登机，不料，却传来广播通知，说因为航空管制，暂时还不能起飞，要稍等一会儿。

听到这个消息，乘客们开始讨论，一位女士十分生气地对空乘人员喊道："不起飞这么早让我们上飞机，候机室那么宽敞，让我们在这么窄的机舱待着，这不是折磨人吗？"

空乘人员急忙解释道："很抱歉，现在航空管制，也是我们所没有预料到的，给您带来不便，还请您谅解。"

女士不依不饶地说道："航空管制？你们早点就不能通知吗？等乘客上了飞机才通知。"

空乘人员继续解释道："很抱歉，需要您耐心等待一会儿。"

女士听了更加生气："一会儿是多久，一个小时，还是两个小时？你得告诉我们具体时间。"

女士的态度越来越急躁，空乘人员没有办法，只好将乘客的反应告诉了座舱长。座舱长走过来很礼貌地向女士解释道："女士，是这样的，所有飞机都需要按照顺序排队起飞，我们起飞是需要在航空塔台做登记的，按照咱们登记的顺序排队起飞，轮到我们这架飞机之后，我们马上起飞。但是因为天气，导致所有的航班都延迟了，很多飞机都在排队。如果现在我让大家下飞机，在候机室等候，那么我们就要重新排队，这样起飞的时间会更晚。"

座舱长讲完之后，这位女士的情绪明显好转，她不再说话，而是拿出手机开始玩手机。

不难看出，这位女士之所以会由抱怨转为愤怒，主要是因为她不清楚飞机不能起飞的原因到底是什么。我们在与人交流的过程中，也经常会遇到这样的情况，因为对方不清楚我们表达的事情是什么，所以导致交流不畅。因此，我们与人沟通，一定要站在对方的角度去思考问题，不要总是站在自己的立场去表述，否则很可能导致对方不理解我们要表达什么。

一个善于逻辑思维的人，在与人交往之前，已经思考好了以下几点问题：

第一，交流的目的是什么？

第二，我要如何开始这次聊天？

第三，别人提出疑问或者是出现分歧怎么办？

一个思维缜密的人会将社交变得有计划性，甚至有针对性。他们明白每次交际的目的是什么，明白与人沟通的技巧是什么，更明白在沟通过程中可能会遇到哪些问题。当我们弄清楚这些问题之后，聊天就变得相对简单，我们的社交也就能够变得顺畅，避免尴尬的产生。因此，善于交际的人往往是一个逻辑思维能力超强的人。

情商：逻辑让你成为万人迷

我们在生活中，经常会听别人说谁的情商高、谁的情商低，那么到底什么是情商？情商与逻辑又有怎样的联系？下面我们不妨带着疑问去了解这些问题。

情商，指的是情绪商数，这是一种自我情绪控制能力的指数。它属于美国心理学范畴，如果我们想要明确情商的定义，那可能不是太容易被定义出来，即便是经常将"情商"挂在嘴边的心理学家，也很难对它进行清晰定义。但是有一点很清楚，即它指的是"信心""急躁""冲动"等一些情绪反应的程度。

在当今社会，人们面对的压力越来越大，高负荷的工作和复杂的人际关系，促使人们越来越注重情商的培养。也就是说情商高的人，人们都喜欢和他们进行交往，而这些人无论走到哪里，从事什么工作，都能很快地融入团队中。也正是因为如此，越来越多的人开始注重情商的培养。当然，情商高并不代表永远不会发火，而是发火后能快速调整自己的情绪，把握好负面思考与正面思考的平衡点，也就是要求我们具备平衡思维。

心理学家对情商做了研究，发现它是情绪控制能力的关键。一个人善于控制自己的情绪，在做事情的时候，势必会十分认真。而一个情商低，不会控制情绪的人，在做事情的过程中，很容易放弃。

或许我们会有疑问了，怎么样才能让自己成为一个高情商的人？我们来看一个有趣的对话：

一个瘦瘦的男人对一个胖男人说道："你这么胖，夏天不热吗？"

胖男人回答："夏天不光胖子热，瘦子也热。"

瘦男人听了不再说话。

其实，这位瘦男人只是想问胖男人是不是夏天会怕热，瘦男人却没有用逻辑去分析自己问出这句话会有怎样的效果。众所周知，越是胖的人越不喜欢别人以"胖"为对话，展开任何对话。瘦男人之所以会问出这样不适宜的问题，其实说到底是因为他的逻辑思维能力差。一个善于运用逻辑的人在说话之前会先思考，自己的话是不是会伤害到他人，自己表达观点的逻辑是什么。

在生活中，我们总是羡慕别人逻辑能力强，但是很难意识到逻辑性强的人情商一般会很高。尤其是在拒绝别人的时候，更能体现出一个人的情商高低，要成为一个情商高的人，就要学会拒绝别人的方法和语言，这就需要我们具备拒绝思维。

一个男孩去好朋友家做客，恰巧好朋友不在家，好朋友的妈妈说道："我儿子去楼下买东西去了，你先抽支烟，喝点水，等会儿他就回来了。"

男孩说道："阿姨，我不抽烟，我喝点水就行。"端过杯子他喝了一口水。

好朋友妈妈笑着说道："抽烟不是好习惯，你不抽烟真好，现在的孩子很多都抽烟，抽烟对身体很不好，尤其是对肺。就拿我儿子的爷爷来说，他一两天一盒烟。"其实，好朋友妈妈只是想要夸男孩的生活习惯好。

男孩或许是因为无聊，他说了一句："那老人现在死了吗？"

顿时，好朋友的妈妈脸上的笑容凝固了。

可见，这个男孩的情商就很低，他在说出这句话的时候根本没有意识到自己的话语是多么地不合理。一个逻辑性强的人，根本不会犯这样低级的错误。

小燕和婆婆的关系特别好，在小区，邻里之间都知道。小燕的婆婆经常夸赞小燕懂事、孝顺。别人问小燕是怎么处理婆媳关系的，小燕讲了自己的经历。

过年的时候，小燕买了两条项链，一条送给了妈妈，一条送给婆婆。婆婆看到项链的时候说道："小燕，你给你妈买了没？我都这么大岁数了，不喜欢戴这个，给你妈妈戴就行了。"

小燕自然知道这是婆婆的客气话，她说道："我天天喊您'妈'，难道您不是我妈啊？再说闺女给妈买条项链不是天经地义的吗？"

听了小燕的话，婆婆笑得合不拢嘴。

还有一次，小燕给妈妈买了一瓶润肤乳。妈妈说道："你给你婆婆买了没？"恰巧，这句话被刚进屋的婆婆听到了，小燕急忙说道："我婆婆皮肤那么白，又漂亮，我都美慕她，那么好的皮肤根本不用抹这个。"

在一旁的婆婆笑着说道："我都这么大岁数了，皮都松了，还拿我开玩笑。"

瞬间三个人一起笑了。

不得不说，小燕是一个情商高的人。在小燕的话语背后，不乏逻辑性。在婆婆问她是否给自己妈妈买项链的时候，小燕没有正面回答这个问题，而是用侧面逻辑，侧面回答了这个问题。而当小燕发现婆婆听到自己与妈妈谈话时，她则以"婆婆皮肤白"化解了尴尬，同时也赢得婆婆的欢心。

那么，在生活中，我们要如何成为一个高情商的人呢？

1. 锻炼自己的形象思维。经过研究发现，一个情商高的人往往拥有超强的形象思维，这就意味着拥有形象思维才能在不同人和事面前，做出适当的反应，避免将局面弄得过于尴尬。

2. 管理自己的情绪。当我们遇到不开心的事情时，一定要控制自己的负面情绪，这点很重要。因为一个善于控制自己负面情绪的人，往往能够保持大脑清醒，从而找到更适合的方法去化解眼前的矛盾。而一个不懂得管理自己情绪的人，往往会以自我为中心，从而得罪身边的人。一位心理学家说过："高情商的人就是单纯地将自己的情绪掩藏起来，让别人捉摸不透。其实，高情商的人不是善于掩饰自己的情绪，而是善于管理自己的情绪。真正高情商的人通常会通过直面自己的情绪，体会和调节，来达到控制干扰情绪的目的。"

3. 用自知之明思维看待生活中的烦恼和苦难。俗话说得好"人生不如意十有八九"，也就是说在我们的生活中，大部分时间是不如意的，而当我们遇到烦恼和困难的时候，我们要如何去做？最简单的方法就是不去盲目比较，攀比心总是会让我们感觉到生活不如意，我们只有客观地认知事物，具有自知之明，这样才能保证我们实现成功。

4. 简约思维提升执行力。

情商高的人，执行力往往很强，只要是确定了正确的方向，他们就会坚持到底。对情商高的人来讲，简单重复的工作或生活并不代表乏味，而是代表简约思维，即每天能够安稳地生活，踏踏实实地工作。

在生活中，我们希望赢得周围人的喜爱，希望自己成为高情商的人，要做到这点自然离不开逻辑的力量。一个逻辑思维强的人无论是在应对他人的刁难，还是应对困难时，都能表现得游刃有余。

逆商：逻辑让你拥有不断复盘的机会

巴顿将军说过这样的话："衡量一个人成功的标志，不是看他登到顶峰的高度，而是看他跌到低谷的反弹力。"这里的反弹力，指的就是逆商，其能够决定一个人在遇到挫折的时候，是否经得起打击和压力。

什么是逆商？我们需要弄清楚这个问题。

逆商一般被译为挫折商或逆境商，指的是人们面对逆境时的反应方式，也就是摆脱挫折、摆脱困境和超越困难的能力。许多成功人士十分看重逆商的培养，认为一个人是否能够实现成功，逆商是至关重要的。李嘉诚曾经说过："如果你想过普通人的生活，就会遇到普通的挫折。你想要过更好的生活，就会遇上最强的伤害，这世界是公平的，想要最好，就一定给你最痛。"当然，了解逆商，就必然要提到逆商思维。逆商思维分为三种类型：

第一种，放弃者。这种人随遇而安、贪图享乐，容易自暴自弃，语言上也多消极词汇。

第二种，扎营者。这类人曾经很努力，但是获得了一定地位或成就之后，开始松懈，甚至满足现状，原地踏步。

第三种，攀登者。这类人不仅是为了暂时的地位或成就，他们将人生看作长跑，不断攀登，不断探索。

如果我们将智商和情商看作与人打交道的能力，那么逆商就是我们与自己打交道的能力。我们说与社会中的其他人打交道是一件不简单的事情，其实，与自己打交道才是一件很不简单的事情。

我们经常会听别人说"我们最大的敌人是自己"。的确，很多时候，我们之所以无法实现成功，归根结底是因为我们无法战胜自己，而逆商思维就是战胜自我的一种方法和手段。

那么是什么决定了我们逆商的高低？从逻辑学角度来讲，逻辑思维的高低能够左右逆商的高低。我们不妨从四个维度进行分析：

1. 掌控感。

高逆商的人无论是在生活中，还是在工作中，都能拥有很高的掌控感，无论所处的环境、境界是多么得糟糕，他总能看淡一切消极因素，看到积极的一面，从而让结局发生逆转，反败为胜。相反，逆商低的人，明明掌控了不少资源，却认为事情的发展已经脱离自己的控制范围，在碰到困境的时候，认为自己没什么用，即便眼前的困难微不足道，他们也会在内心里夸大困境的影响，从而放弃眼前的一切。

在认知心理学中，有一个重要的研究成果，即"习得性无助"。即将一只狗关进笼子里，只要是蜂音器一响起来，就给予电击，狗关在笼子里逃避不了电击，经过多次实验之后，实验者先将笼子的门打开，蜂音器一响起来，狗不但没有逃出笼子，反而还没有电击，便躺在地上开始呻吟和颤抖。其实，狗的这种表现就是他掌控逆境的能力较差造成的，让它放弃了逃出笼子的尝试。

2. 担当力。

在面对挫折的时候，我们的反应是倾向于拒绝面对挫折，还是选择直接面对挫折？这很重要。高逆商的人在挫折中，不但不去责备其他人，反而会主动地承担起责任，将事情的损失降到最低，与此同时，他会想尽一切办法去解决问题。而逆商低的人会极力将责任推给他人，甚至会将自己撇得一干二净，要不就是过分自责，不敢主动地去面对困境和挫折。

3.影响度。

高逆商的人会降低逆境所产生的负面影响，控制不良后果蔓延，他们会坦然应对事情的后果，做到小事化大，消极看待挫折，选择极端的方式去应对挫折，最终结果只能是越来越坏。

4.持续性。

逆境到来时，可能不会迅速过去。高逆商的人具有一定的忍耐力，认为自己能走出困境，并且认为自己有"东山再起"的机会。而低逆商的人会拉长逆商的影响力，认为时间将是他毕生的耻辱，于是放弃努力，拒绝改变。

每年，美国的《成功》杂志都会对当年最伟大的东山再起者和创业者进行报道，通过阅读会发现，这些人的经历中都有一个相同的部分，那就是他们在遇到困难时，能够保持乐观的态度，并能用积极的心态去应对挫折，他们从不轻言放弃。可想而知，逆商对一个人的成功与否起着很大的作用。逻辑能够让我们看清当下逆境的真相，从而让我们找到打破逆境的方法，这也是提高我们逆商的一个过程。要想摆脱困境，拥有复盘的机会，我们不妨从以下几方面做起：

第一，接受现实，着眼当下的问题。

无论现实是什么样的，都要走出勇敢的第一步，即接受当下的困境，只有做到接受眼前的一切，不去自责或责备别人，然后从当下现实着手，找到解决问题的方法。在问题处理完毕之后，我们将迎来一次复盘的机会，想想可以改变和优化的地方，防患于未然，避免下次发生同样的事情，这才是重要的。

第二，找到释放压力的方法。

每个人在遇到逆境时，都或多或少地心存压力。在这个时候，我们要找到释放压力的办法，让自己的压力能够宣泄出来，避免自己太过压抑。比如，我们可以通过运动的方式缓解压力，跑步、打球都是不错的选择；还可以与朋友倾诉，让对方帮自己想解决的办法；培养兴趣爱好，练字、画画都可以让我们的压力得到释放。

第三，培养成长型思维。

我们要警惕一面倒思维，避免陷入某个思维模式无法自拔。为自己制定目标和方向，不断学习和努力，相信自己的目标会通过努力得以实现。即便失败了，它也是一个需要面对和解决的问题，只要我们将结果看作目标，努力去扭转失败，便能得到"翻身"的机会。

第四，要学会增强自我效能感。

在自我效能感增强之后，我们可以从失败中抽离出来，此时，我们能看到自身的优势，并根据自身情况，设定合理的目标和期待，在实现后进行自我激励。

在现实生活中，我们希望自己能够克服所有的困境和挫折，但是真的当挫折来到时，我们可能会选择退缩，而我们退缩的最直接的原因就是我们的逆商不够强大，或者说我们不懂得坚持和面对的力量。

想象力：逻辑让你学会创新

逻辑与创新联系十分密切，在逻辑思维中就有着一个创新思维，我们运用创新思维的时候，会发现一个人的想象力是多么的重要。不可否认，想象力是创新的起点，无论是观点创新还是思想创新，需要的都是从大胆的想象中萌发出来。

想象力正是想象思维的直接体现。想象思维是人脑通过形象化的概括，对大脑中已形成的记忆表象进行加工、改造或重组的思维活动。想象思维可以被认为是形象思维的具体化，也是人脑借助表象进行加工操作的主要形式，是人类进行创新及其活动的重要的思维形式。因此，想象力是在大脑中描绘图像的能力，当然人们所想象的内容并不是单纯包含图像，它还包含声音、味道等，比如有些人想到汽车会想到汽油味、尾气味等。想象力是一种在大脑中"描绘"画面的能力，就像一支画笔一样，能够凭借我们的意志，然后进行合理清晰的、色彩鲜艳的、天马行空的想象。因为想象力是人大脑中的一种强大功能，它属于右脑的形象思维能力，因此，想象力与逻辑思维是密不可分的。

想象思维又分为无意想象和有意想象。无意想象指不受意识主体支配的想象，而有意想象是受主题意识支配的思维活动。高尔基也说："想象在其本质上也是对于世界的思维。"可想而知，想象力对我们的生活会产生很大的影响。

提高想象力对我们来讲是非常有必要的，其作用和好处会表现在生活的各个方面，甚至关乎我们是否能成功。想象力也是人不可缺少的一种智慧，哲学家狄德罗说："想象，这是一种特质。"一个人一旦失去了想象力或者想象力很差，那么这个人是很难成为诗人的，也不可能成为哲学家，更不可能成为一个具有创造力的人。

在现实生活中，我们发现成功的人很多都是想象力比较丰富的，他们的思维十分敏捷，能够应对事物的变化和发展。而一个思想"木讷"的人，在事物发展过程中只能充当见证者，无法成为开拓者。

一个秃头的男人走进一家理发店，发型师问："有什么可以帮您的？"

男人一脸愁苦地说道："我本来打算去做头皮移植手术，但是太疼了，如果你有办法让我的头发看起来和你的一样，而且没有任何痛苦，那我就付给你1000美元作为酬劳。"

理发师听了说道："这个很简单。"

说完，理发师开始给男人理发，最终，理发师将男人和自己的头发都剃掉了，两个人都成了光头。

虽然这是一则很有趣的小故事，但是在思维过程中，需要合理的想象和创造性思维，只有这样，人的认知才能得到进一步的提高，认知成果才会如我们所愿。而创造性思维正是一个表现，敢于打破常规的表现，进行创造性思维，才能解决看似无法实现的难题。

那么，我们要如何提高自己的创新思维呢？

1.用"求异"思维去看待和思考问题。也就是在生活中，我们需要多去思考事物发展的不同性和特殊性，不拘泥于常规，保持怀疑精神，在看似事物和现象的时候多问几个"为什么"。

2.有意识地从常规事物的反方向思考问题。

如果我们将传统观念和经验当作定律，那么就会阻碍我们创新思维活动的展开。因此，在面对新的问题时，不要习惯于按照以往经验去处理，要打开思路，打破固有的思路，只有这样才能让自己的思维变得更加活跃。

3.多去深层次地分析问题。

一般而言，我们看问题的时候经常会看到问题的表象，正因为我们看到的只是事物的表象，这就意味着我们很难看到事物的规律和本质。只有看到了事物的本质和内在规律，我们才能实现创新。因此，我们要有意识地去深层次的分析问题，了解事物内在规律，实现思想创新。

4.运用联想思维主动地、有效地分析事物之间的联系。

联想是创新的方法，也是比较容易的一种方式，而联想思维也是我们进行创新必不可少的思维方式之一，我们经常会说"由此及彼，举一反三"这就是联想中"经验联想"的体现。

任何事物之间都存在一定的联系，这是人们采用联想的客观基础，因此，在联想的时候，最重要的就是寻找事物之间的联系，这是至关重要的。

5.运用系统思维整合、全面地看待问题。

创新要求我们具备系统思维，在生活中，我们很多时候只懂得"就事论事"，不懂得"融会贯通"。或者我们听到什么就认为是什么，看到什么就是什么，思维往往会被局限。整合就是将事物的各个侧面、部分和属性统一为整体。当然，整合不是将事物的各个部分、侧面随意地进行拼凑，而是按照它们内在的必然的、本质的联系将整个事物联系在一起。

古时候有一个国王，他和大臣们去花园散步，正好看到水池里的池水，国王心血来潮地问大臣："这水池里一共有几桶水？"大臣们都摇头表示不知，国王便说道："给你们三天时间去思考，如果三天之后你们能回答出来，那么我就重赏，如果回答不出来就重罚。"

大臣们思考了三天，仍然一筹莫展，就在这个时候，一个小孩走进宫殿，说自己知道答案。国王很好奇，便让小孩回答，小孩笑着说道："不用看了，这个问题很容易。这要看那是多大的水桶，如果和水池一样大，那么一个水桶足以；如果是水池的一半大，两个水桶足以；如果水桶只有水池的三分之一大，那就需要三个水桶。"

国王打断小孩的话，点头说道："你回答正确。"

其实，大臣们为什么解不开国王的这道题，主要是他们陷入了常规思维，根本没有想到这些，而小孩并没有受到人们常规思维的束缚，便能找到这个答案。

在生活中，我们也经常遇到这样的问题，很多时候并不是我们不知道正确答案，而是我们的思想被固有思想束缚了，思路闭塞，根本做不到发散思维。一个想象力很强的人，势必具有一定的逻辑思维，思维越是灵活，其思想的创造性也就越强。在生活中，我们需要创造性强的思维，只有这样我们才能真正意义上感受到创新带来的好处。

创新思维是科学的思维方式，在我们日常生活中，处于至关重要的地位，只有不断地进行创新，不断地进行积累，才能提高我们的职业素养和逻辑思考能力，才能更好地应用到实际工作中。

辨别力：逻辑让你看清谎言背后的真相

撒谎，被定为人类的本性之一，既然撒谎始于人的本性，那么，没有人可以保证一生不撒谎。英国人很无聊地统计过，人一辈子至少要撒谎8万句。当然，有的人可能不到这么多的数量。有人说谎，就有人忙着揭穿。

我们暂且不去讨论拆穿谎言的意义是什么，我们就以谎言本身来讲，它是一种表象，也就是说，之所以谎言称为谎言，是因为它不能代表事物的真实面貌。在谎言背后，肯定藏匿着事物的本质与本相。

在大千世界，我们每天都要面对不同的人和事，他们能够带给我们的是不同的信息，而有的人是在故意撒谎，有的人本身掌握错误的信息，然后再将这些错误信息传输给我们，我们自然也就被"欺骗"了。我们不能绝望地说自己每天生活在"虚假信息的世界"，但是不得不说，谎言常常是围绕在我们身边的。因此，具有辨别谎言的能力是保证我们抓住有价值信息的关键。但是，并不是所有人都具备辨别谎言的能力，也就要求我们要有判断思维。

很显然，要有辨别谎言的能力，就需要对我们接收到的信息进行分析，而分析的过程就是逻辑思维的过程。我们可以借助掌握的信息、传递信息的人等多方面的因素，对信息进行分析，在整个分析过程中，最重要的是判断思维的运用，而判断本身就是一个分析过程，目的是识别真伪对错。判断中有类比，经过比较之后，才能发现对错。

善于运用判断逻辑分析信息的人能够看到信息背后的真相，从而找到事物的本质所在，拨开重重迷雾，让自己获得更多有利的、有价值的内容。相反，一个逻辑性不强的人，在他们接收到外界信息之后，他们不清楚如何去辨别信息，自然也就分不清是谎言还是真相，就极其容易被误解。

莎士比亚曾说过："成功的骗子，不必再以说谎为生，因为被骗的人已经成为他的拥护者，我再说什么也是枉然。"看了莎士比亚的这句话，我们可能会产生种种疑问，为什么被欺骗的人反而成为骗子的拥护者？其实，主要是因为被欺骗的人缺乏逻辑思考能力，他们无法辨识谎言，自然会认为骗子的言语是"正确的""科学的"，并以全力去信奉对方的言语。那么，在面对谎言的时候，我们究竟要如何运用判断思维进行辨别呢？

1. 提高心理免疫力。在很多时候，我们在接收到信息之后，需要从内心出发，进行合理的分析，不仅要对其他人的话语进行分析，更要对其表情、行为进行分析，从逻辑上找到话语和行为的漏洞，或者从事物发展规律上进行辨别，找到不合乎现实的地方。这样做的目的是大脑对信息进行过滤，选择正确的信息，抛弃错误的信息。

2. 论证评估。在我们听到某条信息的时候，我们就要借助自己的知识储备和见识去进行分析，从而找到证据去证明信息的正确性或者荒谬性。一个阅历丰富、见多识广的人往往不容易被谎言蒙蔽，相反，一个见少识短、知识水平低的人往往会听信他人的"谎言"。

3. 善于观察，发现真相。谎言传递出来的信息往往是事物的假象，一个善于判断的人，通过仔细观察，往往能够对谎言中包含的因素进行分析，从而找出不合乎逻辑和现实的内容。

　　刚参加工作不久的张悦正在家里休息，他接到了一个电话，显然这是一个陌生人的电话，他像往常一样，接了电话，电话另一头传来了一个男人嚣张的声音："你是张悦吧？"

张悦觉得很奇怪，对方怎么知道自己的名字，他以为是同事，便一口答应了。

"我是东北的，我叫张彪。你可能没听过，但是道上的人都知道我。"张悦听得一头雾水。对方继续说道："是这样的，有人找我，说让我找兄弟修理你，你得罪人了，知道吗？"

张悦很惊讶，自己第一次接到这种电话。对方继续说道："对方要你一条腿，兄弟，你说这事儿怎么办吧？"

张悦的大脑一团乱麻，他根本没遇到过这种事情，张悦随口问了句："你们想怎么做？"

"是这样，兄弟，我觉得芝麻大的事儿，没必要让我的弟兄跑过去找你，但是你得让我们把这件事儿摆平啊。"对方说道。

"谁找的你们，你们要怎么摆平？"张悦有些紧张地问道。

"谁找的我们，你不用管。但是他告诉了你的姓名、电话、住址，你身份证号我们都知道。"对方嚣张地说道，"不过，我是觉得没必要大老远跑地过去要你一条腿。"

"那怎么摆平？"张悦着急地问道。

"给兄弟们点茶水钱，我可以出面跟你的仇家说说话，毕竟他能找到我，我也是有点面子的。"对方说道。

"要多少钱？"张悦问道。

"这个看你个人的意思了，喝好茶事儿就往好了办，喝次茶，事儿就又是一种办法。我给你一个银行卡号，你自己看着办。"说完对方挂了电话。

张悦内心感到无比蹊跷，他开始回忆自己最近得罪谁了，因为自己刚参加工作不久，也不知道得罪过谁。正在这个时候，手机上接收到一条短信，的确是一个银行卡号。张悦只有两万块钱，他在想两万块钱打给对方，对方是否能接受。

张悦心事重重地跑到银行，银行工作人员看到他要转账，便咨询是什么事情，他将事情的前因后果讲述了一遍，没想到银行工作人员却劝说他报警，说这可能就是一个诈骗电话。随后，张悦报警，经查证，的确是诈骗电话，张悦虚惊一场。

正是因为张悦接触社会比较少，阅历太浅，所以他才会在遇到这种诈骗事件时，按照不法分子的思维去思考问题，从而差一点就陷入对方的圈套。因此，一个善于逻辑分析问题的人，他的逻辑是基于个人的阅历和知识储备的。我们要想揭穿生活中的谎言，就要让自己变成一个见多识广的人。

提到谎言，我们可能会想到"善意的谎言"，无论是善意的还是恶意的，谎言所呈现出的信息都不是事物的本质。而对于善意的谎言，我们的态度是委婉的、善意的，我们可以去接受这种谎言，但是不能将这种谎言看作事物的本相。

在一则报道中，一位母亲身患癌症，她意识到自己的生命不会太长，于是，她开始给年仅两岁的儿子编织一个"善意的谎言"。

她开始拍视频，用视频的方式来告诉孩子自己要去很远很远的地方工作，而那个地方到家里的距离太远了，她买不上回来的船票，所以要一直待在那里，但是只要他想妈妈的时候，就可以看看妈妈的视频。

的确，半年之后，这位母亲去世了，她的儿子从幼儿园开始就一直认为妈妈去了很远的地方工作，直到孩子上了初中，他将妈妈拍摄的视频看完，他才得到真相。

这位母亲的本意是好的，她希望孩子感受到母爱，希望孩子能记住自己。而孩子的逻辑性较差，他在年幼的时候是无法分辨出妈妈的"谎言的"，但是终有一天他会知道真相。

一个人分辨谎言的能力也是随着成长而不断提高的，我们要想分辨生活中的谎言，不妨多经历一些事情，拓宽自己的知识面，这样才能在谎言面前，揭开谎言，看到事物的真相。

附录：逻辑训练练习题

一、逻辑学单选题

1.随着人们生活条件的提高，人们越来越注意养生。有医学研究表明，吃维生素和矿物质补充剂对养生并没有显著的帮助，过量补充甚至还会损害人体健康。因此，一些医生建议人们不要吃维生素和矿物质补充剂了，而是应该通过合理的饮食和均衡营养来补充人体所需的维生素和矿物质。

下面哪项是真的，就能削弱上述研究的成果？（　　）

A 一项研究发现，2万名中年妇女服用了维生素 D 加钙补充剂长达5年时间，这并没有给她们的身体造成伤害。

B 一项研究发现，2万名男性8年里，没有服用维生素和矿物质补充剂，他们并没有增加患病风险。

C 一项研究发现，1万名发达地区和1万名欠发达地区的老年人，他们的身体健康状况并没有太大差异。

D 一项研究发现，2万名不服用维生素和矿物质补充剂的儿童，经过3年时间，这些儿童出现营养缺乏的发生率较高。

答案：D

解析：这道题运用了对比论证思维。论点为"维生素和矿物质补充剂没有饮食对人体营养好"。要找削弱论点的答案，就要找补充剂对人体有营养、有好处的。

2.一个科研小组在亚马孙雨林发现了一种真菌，这种真菌能够降解普通的聚氨酯塑料。科研人员认为科研利用这种真菌的这种特性，有望帮助人类解决塑料垃圾的问题，尤其是近几十年，人类丢弃的塑料垃圾数量巨大。

下面哪条属于科研人员做出这种判断的前提？（　　　）
　　A 大量塑料垃圾对人类的生活产生了巨大的危害和影响
　　B 目前绝大多数塑料垃圾都属于普通的聚氨酯塑料
　　C 这种真菌在任何条件下都可以分解塑料制品
　　D 在地球上这种真菌在任何地方都可以存活

答案：B
解析：论据为真菌、聚氨酯；论点为真菌、垃圾。

3.教练让四名学生一人拿一只桌球，颜色自选，最后，教练发现四个人中，有一个人拿了白球。教练问谁拿了白球？
甲说：我没有拿白球。
乙说：我看到丁拿了白球。
丙说：是乙拿的白球。
丁说：白球不是我拿的。

如果四人学生中，只有一人说的是真话，那么（　　）拿了白球。

A 甲　B 乙　C 丙　D 丁

答案：A

解析：根据同一律原理，乙、丁都在对同一个对象进行描述，甲说的是假话。

4. 我国的考古人员在一次考古挖掘中，发现在一座唐代古墓中竟然有多片先秦时期的夔纹陶片。对这种情况，考古专家解释说，是由于雨水冲刷等，将这些先秦时期的陶片冲至唐代的墓穴中的。

以下哪项如果为真，最能质疑上述专家的观点？（　　　　）

　　A 在这座唐代古墓中发现多件西汉时期的陶片

　　B 这座唐代古墓保存完好，无漏水、毁塌迹象

　　C 唐代文人以书写夔纹为能事

　　D 唐代有将墓主生前喜爱的物品随同墓主一同下葬的风俗

答案：B

解析：本题对应因果论证思维。论点为因为雨水冲刷将先时秦陶片冲到唐墓。最强的削弱这个论点，就是正确答案。

5. 为消除安全隐患，对于使用超过10年的电梯必须更换钢索。按照这条规定，发现在必须更换钢索的电梯中有一部分是 w 品牌的。而所有 w 品牌电梯都不存在安全隐患。

以上内容可以推出：

    A 部分存在安全隐患的电梯必须更换钢索

    B 有些 w 品牌的电梯必须更换钢索

    C 有些 w 品牌的电梯不需要更换钢索

    D 所有需要更换钢索的电梯都超过了10年的使用年限

答案：B

解析：这种题型，给出的信息比较复杂，我们可以从答案入手。B、C 选项是相对的，必有一对一错，再比较 A、B 选项，可以知道 A 是 B 的换位，因此选 B。

6. 部分经济学家认为，全球经济正处于缓慢复苏状态，这个结论主要基于，美国的经济状况超出预期，在就业方面表现突出；欧洲央行启动了融资运作计划，可以用比较低的利率进行贷款，这就能够让更多企业以及中小企业实现融资；全球整个大宗商品市场树立了足够的信心。因此，这些迹象都很好。

如果以下各项为真，最有可能成为上述论证前提的是（   ）。

    A 专家先前对美国经济表示不乐观

    B 欧洲央行原有利率较高，银根紧

    C 非欧美国家的经济状况保持稳定

    D 全球大宗商品交易缺乏信心支持

答案：C

解析：这道题的论据是美国好、欧洲好。论点则是全球经济好。全球 =
欧美 + 非欧美。

7. 在生活中，我们经常看到小女孩喜欢的玩具多是洋娃娃，小男孩喜欢
的玩具多是汽车、轮船，这是孩子天生本能反应还是后天因素造成的？为了
研究这个问题，研究人员做了一项实验，他们让3—8个月大的婴儿观察不同
的玩具，发现女婴盯着粉色洋娃娃看的时间长于玩具卡车，而男婴盯着蓝色
卡车的时间要比粉色洋娃娃更多。因此，研究者认为婴儿对玩具的偏好或许
由性别基因决定的。

上述结论所隐含的假设是什么？（　　　）
  A 婴儿对所有的新鲜事物关注的时间都长
  B 婴儿对玩具的爱好不受玩具颜色的影响
  C 玩具卡车和洋娃娃的形状不同，对婴儿的注意力产生影响不明显
  D 婴儿更容易注意到和自己衣服一样颜色的玩具

答案：B
解析：运用排除法，排除条件中的其他因素。

8. 随着社会的发展，我们会发现很多技术真的让我们既爱又恨。有些技
术从人们感到陌生到完全认知，只需要几十年时间，发展势头快得让人不敢
掉以轻心。最引人注目的是机器人技术。在近几年来，人工智能前进的步伐
将机器人带到了新领域，它们不但眼耳口鼻，就连行为和思考似乎都达到了新
的高度。不过，这种改变让人类似乎很难真的意识到机器人意味着什么，或者说，

人类未必做好了应对这一改变的充足准备。于是针对这个问题，美国《国家地理》以《我们，与他们》为题撰写了一篇文章，试图 _____。

填入画横线部分的内容，下面（　　）句最恰当。

A 揭开人工智能机器人的神秘面纱

B 让人类看到智能机器人的威胁性

C 说明目前机器人是无法与人类思维相抗衡的

D 探究机器人和人类当前的关系及未来发展

答案：D

解析：主题词是机器人与人。

9.美国著名学者伊顿曾预言："我们深信，在不久的将来，我们国家的最高经济利益，将主要取决于我们同胞的创造才智，而不取决于自然资源。"从今天来看，伊顿的预言显然已经变为现实。全球金融危机导致能源和矿产资源价格急剧上涨，世界经济出现滞涨风险的苗头，与此同时，国民的创新能力得到许多国家前所未有的重视。

这段文字实在强调（　　）。

A 人力资源对经济增长越来越重要

B 自然资源价格受到金融危机的冲击

C 国家要发展必须充分发挥国民的创造能力

D 国民素质的高低将决定国家发展快慢

答案：C

解析：名人名言必然和主旨是一个意思

10.经过调查发现，人类的平均寿命在增长，但是人类癌症发生率也越来越高。在分析原因的时候，很多人会把它归结为现代食物的品质越来越差，于是就有人时不时发出"某某食物致癌"的言论总能吸引一堆眼球。如果致癌的食物跟现代技术有关，_____。

填入画横线部分最恰当的一句是（　　　）。

A 那就更容易得到公众的普遍认同

B 那就应该弄清楚为什么出现致癌食物

C 那也不能阻挠现代技术发展

D 那么这些结论就很重要

答案：A

解析：就近原则，"总能吸引一堆眼球"跟"普遍认同对应"。

二、逻辑学解答题

1.有100个橙子，分别放进10个篮子里，每个篮子放10个，每篮橙子的重量是一样的，其中有9个篮子中每个橙子的重量都是1斤，另一个篮子中每个橙子都是0.9斤，但是从外表似乎看不出来差异，如果用眼睛和手摸都无法进行分辨，现在就要你用一台普通的大秤一次将这篮重量较轻的橙子找出来。

解答：将10篮子橙子按照1～10编上号，按照编号从10篮子橙子取出与编号相同数量的橙子，比如编号1，就取出1个橙子，编号2，就取出2个橙子，10篮子共取出了55个橙子。如果每个橙子都是1斤，那么55个橙子，就是55斤，显然，橙子不可能是55斤，只能是在54.9～55斤。如果称重的结果比55少 N 量，N 就代表了对应的篮子编号。

2.古代的时候，一位农民被当地一名地主诬陷，地主想要霸占农民的田地，农民将地主告上公堂，无奈，地主给县官送了大礼，县官想要处死农民，于是，就想出了一个坏主意，县官对农民说道："这里有5张字条，其中4张上面写了'死'字，只有一张上写了'生'字，从中选一张字条，如果你是冤枉的，那么老天爷一定不会让你冤死，你如果不是冤枉的，肯定会选到'死'字，选'生'字我就放了你，选到'死'字，我就只能杀了你。"其实，县官将5张字条上都写了"死"字。农民已经猜到5张字条上都是写的"死"字，他要如何做才能救自已呢？

解答：农民可以随意选择一张字条，迅速吞进肚子里，然后对县官说："我吃下去的如果是'生'字，那剩下4张就会是'死'字，我吃下去的是'死'字，那剩下的4张字条中肯定有一张是'生'字。"

3.古时候，一位老人奄奄一息，他有两个儿子，便将儿子叫到床前，对两个儿子说："我们家是有一些财产，你们两个人，骑马去东山，然后再回来，谁的马跑得慢，财产就归谁。"两个儿子听了，不慌不忙地上了马，慢悠悠地向东山的方向骑去。在途中，遇到一位智者，智者说了一句话，两个儿子瞬间加快了速度，快马加鞭地朝着东山奔去。请问这位智者说了一句什么话？

解答：智者说："你们二人将马换过来骑。"

4.每天早晨，父母都会将孩子送到幼儿园，可是小丽却发现，有些人既没有抱孩子，又不是幼儿园的工作人员，这些人也去了幼儿园，小丽不明白这些人去幼儿园干什么了。

解答：这些人是幼儿园中稍微大一些的孩子，他们不用父母送，自己去的幼儿园。

5.在古代有一个奇怪的城池，城里一边住着好人，一边住着骗子，城门左右各站了一个人，其中一个是好人，一个是骗子，好人总说实话，骗子总说假话。有个书生到了这里，他忘记哪边的人是好人了，如果问错了人，很可能走进骗子住的地方，这就会吃亏上当。这个时候，书生要怎么办？

解答：书生可以同时问两个人："如果我问对面那个人，应该往哪边走，他会怎么告诉我？"

这个问题会导致两个人说出相反的回答，两个回答能够统一成一个结果。